地球生命的屏障

大气环境

DAQI HUANJING

鲍新华　张　戈　李方正◎编写

U0305734

美好未来
丛书SERIES BOOKS

吉林出版集团股份有限公司
全国百佳图书出版单位

图书在版编目（CIP）数据

地球生命的屏障——大气环境 / 鲍新华，张戈，李方正

编写. —— 长春：吉林出版集团股份有限公司，2013.6（2023.5重印）

（美好未来丛书）

ISBN 978-7-5534-1952-7

Ⅰ．①地… Ⅱ．①鲍… ②张… ③李… Ⅲ．①大气环境－环境

保护－青年读物②大气环境－环境保护－少年读物 Ⅳ．①X51-49

中国版本图书馆CIP数据核字(2013)第123434号

地球生命的屏障——大气环境
DIQIU SHENGMING DE PINGZHANG DAQI HUANJING

编　写　鲍新华　张　戈　李方正
责任编辑　息　望
封面设计　隋　超
开　　本　710mm×1000mm　　1/16
字　　数　105千
印　　张　8
版　　次　2013年 8月 第1版
印　　次　2023年 5月 第5次印刷

出　　版　吉林出版集团股份有限公司
发　　行　吉林出版集团股份有限公司
地　　址　长春市福祉大路5788号
　　　　　邮编：130000
电　　话　0431-81629968
邮　　箱　11915286@qq.com
印　　刷　三河市金兆印刷装订有限公司

书　　号　ISBN 978-7-5534-1952-7
定　　价　39.80元

版权所有 翻印必究

前　言

环境是指围绕着某一事物（通常称其为主体）并对该事物产生某些影响的所有外界事物（通常称其为客体）。它既包括空气、土地、水、动物、植物等物质因素，也包括观念、行为准则、制度等非物质因素；既包括自然因素，也包括社会因素；既包括生命体形式，也包括非生命体形式。

地球环境便是包括人类生活和生物栖息繁衍的所有区域，它不仅为地球上的生命提供发展所需的资源与空间，还承受着人类肆意的改造与冲击。

环境中的各种自然资源（如矿产、森林、淡水等）不仅构成了赏心悦目的自然风景，而且是人类赖以生存、不可缺少的重要部分。空气、水、土壤并称为地球环境的三大生命要素，它们既是自然资源的基本组成，也是生命得以延续的基础。然而，随着科学技术及工业的飞速发展，人类向周围环境索取得越来越多，对环境产生的影响也越来越严重。人类对各种资源的大量掠夺和各种污染物的任意排放，无疑都对环境产生了众多不可逆的伤害。

人类活动对整个环境的影响是综合性的，而环境系统也从各个方面反作用于人类，其效应也是综合性的。正如恩格斯所说："我们不要过分陶醉于我们对自然界的胜利。对于每一次这样的胜利，自然界都报复了我们。"于是，各种环境问题相继产生。全球变暖导致的海平面上升，直接威胁着沿海的国家和地区；臭氧层的空洞，使皮肤病等疾病的发病率大大提高；对石油无节制的需求，在使环境质量受到严重考验的同时，不禁令我们担心子孙后辈是否还有能源可用；过度的捕鱼已超过了海洋的天然补给能力，很多鱼类的数量正在锐减，甚至到了灭绝的边缘，而其他动植物也正面临着同样的命运；越来越多的核废料在处理上遇到困难，由于其本身就具有可能泄漏的危险，所以无论将其运到哪里，都不可避免地给环境造成污染。厄尔尼诺现象的出现、土地荒漠化和盐渍化、大片森林绿地的消失、大量物种的灭绝等现象无一不警示人们，地球环境已经处于一种亚健康的状态。

放眼世界，自20世纪六七十年代以来，环境保护这个重大的社会问题已引起国际社会的广泛关注。1972年6月，来自113个国家的政府代表和民间人士，参加了联合国在斯德哥尔摩召开的人类环境会议，对世界环境及全球环境的保护策略等问题进行了研讨。同年10月，第27届联合国大会通过决议，将6月5日定为"世界环境日"。就中国而言，环境问题是中国人民21世纪面临的最严峻的挑战之一，保护环境势在必行。

本套书籍从大气环境、水环境、海洋环境、地球环境、地质环境、生态环境、生物环境、聚落环境及宇宙环境等方面，在分别介绍各环境的组成、特性以及特殊现象的同时，阐述其存在的环境问题，并针对个别问题提出解决策略与方案，意在揭示人与环境之间的密切关系，人与环境之间互动的连锁反应，警醒人类重视环境问题，呼吁人们保护我们赖以生存的环境，共创美好未来。

目　录
MU LU

01 大气

在地球表面，覆盖着厚厚的一层大气，连续的大气组成了地球的大气圈，它是地球生态环境最重要的组成部分，是地球母亲的美丽外衣。遨游太空的宇航员从遥远的星际空间鸟瞰地球，可以看到，大气层就像一层淡蓝色的薄雾紧裹着地球，把地球装扮成茫茫宇宙中最美丽的天体。大气层是地球生命的保护伞。大气层既可令阳光透过它照射地球，又能适当地保存地球上的热量，从而调节地球表面的温度适于万物的生存。大气层还时刻保护着地球，使它免遭天外物体的袭击。绝大部分天外来客撞向地球时，都会在厚厚的大气层中因摩擦而

▲ 保护我们的大气环境

燃烧殆尽，从而保护了地球上生命的安全。

　　大气层是地球生物生存不可缺少的生命要素。科学研究表明，除了极少数种类的厌气性微生物外，其他所有生物都必须依赖空气而生存，即使常年生活在水底的鱼儿，也要吸收水中溶解的氧气；而对于陆地上的动植物，空气更是它们片刻也不能离开的东西。人类生活在大气里，在这个世界上，对人来说没有什么比空气更为重要，不吃食物，人可以活三个星期；不喝水，人的生命可维持三天；可一旦没有了空气，一个人几分钟内就会死去。所以人可以数日不吃不喝，但却不能不呼吸。

① 地球

　　地球是太阳系八大行星之一，按距太阳由近及远的次序为第三颗，约在46亿年前形成。地球有大气层和磁场，表面约71%被水覆盖，其余部分是陆地。从太空看，地球是一个蓝色的星球。

② 溶解氧

　　空气中分子状态的氧溶解在水中称为溶解氧。空气中氧的分压、水温和水质等都影响着水中溶解氧的含量。在20℃、100千帕的环境下，每升纯水中大约溶解氧9毫克，而当水中的溶解氧含量每升低至5毫克时，一些鱼就会呼吸困难。

③ 陨石

　　陨石是地球以外未燃尽的宇宙流星脱离原有运行轨道，成碎块散落到地球或其他行星表面的石质的、铁质的或是石铁混合的物质。它是人类直接认识太阳系各星体珍贵稀有的实物标本，极具收藏价值，大多数来自小行星带，小部分来自月球和火星。

02 大气质量

大气圈的空气虽然看不见、摸不着，但却是实实在在的客观物质。科学家发现整个大气层的质量是十分惊人的，约为5.3×10^{15}吨，这是一个非常大的数字，如果用一个巨大的天秤来称的话，一端放上大气层，那么另一端就要放上一个直径100千米的大铜球。

在很久以前，人们就开始研究空气，试图找出其中的奥秘。人们一开始认为空气是一种简单均一的物质。古希腊著名学者亚里士多德认为，自然界的一切物质都是由水、土、气、火四种元素组成的，空气被列为四种元素之一。这种把空气作为元素的观念在世界上流传了数千年，直到18世纪发现了氧气和氮气，提出空气不是单一的物质。这是对空气认识的一个重大突破。英国科学家卡迪文许和卢瑟福分别通过不同的实验得到了氮气，使人们对空气的认识又深入了一步。后来，到了19世纪末期，科学家拉姆等又相继发现了空气中的氩、氦、氖、氪、氙等气体。随着时光的流逝，人们对空气的认识逐步深入，如今人们已经精确地认识到空气是一个庞大而复杂的混合物，其组成包括恒定的、可变的和不定的组分。

① 天空的颜色

大气是无色的，而晴朗的天空之所以呈现蓝色，是因为射入大气的太阳光遇到大气分子和悬浮于大气中的微粒发生了散射。波长较短的如紫、蓝、青等颜色的光波最容易被散射出来，而波长较长的如红、橙、黄等颜色的光波透射力强，不易被散射，于是光波就此分离，颜色也就显现出来了。

② 大气压

空气的内部向各个方向都有压强，这个压强就称为大气压，它是重要的气象要素之一。一般情况下，海拔越高，大气压越小；温度越高，大气压越小；湿度越大，大气压越小；纬度越高，大气压越大。大气压的变化也与天气密切相关，晴天的气压比阴天高，冬天的气压比夏天高。

▲ 蓝天

③ 天空中的云

停留大气层上的水滴或冰晶胶体的集合体就称为云，它是地球上庞大水循环的有形的结果。云按高度通常可分为高云、中云、低云。高云的高度在6000米以上，中云的高度在2000~6000米之间，低云高度低于2000米。

03 众多的空气成员

▲ 植物生存离不开空气

空气是指地球大气层中的气体混合，在自然状态下空气是无味、无臭的。空气中的恒定组分有氮、氧、氩、氖、氦等气体，其中氮和氧是空气中最主要的成分。氮的含量最大，占空气总量的78%。氮在常温下是不活泼的，不能被人和动物直接利用，但植物生长都离不开它。氧的含量比氮小得多，约占空气总量的21%，是人类和动植物呼吸、维持生命不可缺少的气体成分，作用是十分重要的。

空气中的可变组分包括二氧化碳、水蒸气、臭氧等。它们在空气中的含量没有固定的比例，受地区、季节、气候等因素的影响而有所变化。水蒸气的含量约为4%，二氧化碳含量常在0.03%~0.35%范围内波动。

空气中的不定组分种类多达上千种，有一氧化碳、二氧化硫、硫化氢、氮氧化物及尘埃等。它们各有不同的来历，有的是由自然界的森林火灾、地震等灾难所引起的；有的是由人类的生产、生活活动或环境管理不善等人为因素造成的。它们大多数是有害的物质，当在空气中达到一定浓度时会影响空气的质量。

① 水蒸气

水蒸气简称水汽，是水的气态形式。当在沸点以下时，水缓慢蒸发成水蒸气；当达到沸点时，水就变成水蒸气；而在极低压环境下，冰会直接升华成水蒸气。水蒸气是一种温室气体，可能会造成温室效应。

② 臭氧

臭氧是有特殊臭味的淡蓝色气体，具有极强的氧化性，能漂白和消毒杀菌，从地面到70千米的高空都有分布。臭氧层是大气平流层中臭氧浓度最大处，是地球的保护层，太阳紫外线辐射大部分被其吸收。

③ 地震

地震又称地动，是指地壳快速释放能量过程中造成震动，其间会产生地震波的一种自然现象。它是地球上经常发生的一种自然灾害。地震常常造成严重的人员伤亡，能引起火灾、有毒气体泄漏及放射性物质扩散，还可能造成海啸、崩塌等次生灾害。

04 氮气

氮气是空气的主要成分之一，通常情况下是一种无色、无味、无臭且无毒的气体。氮气难溶于水，还很难液化，只有在极低温度下才会液化成无色液体。在生产中，通常采用黑色钢瓶存放氮气。

氮气被广泛应用于生产、生活当中。氮是一种营养元素，可用来制作化肥，此外，还是合成氨、纤维、树脂、橡胶等的重要原料。氮气的化学性质极不活泼，因此常被应用于汽车轮胎的制作当中。它可以防止爆胎和轮胎缺气碾行，延长轮胎的使用寿命，从而提高汽车行驶的稳定性和舒适性，并减少消耗、保护环境。

氮的化学惰性使其常被用作保护气体，以防止暴露于空气中的某些物体被氧化。粮仓填充氮气，可使粮食不发芽、不霉烂，长期保存；食品置于氮气中可达到保鲜的效果。高纯度的氮气可用于色谱仪等仪器的载气，跟高纯二氧化碳、高纯氦气一起用作激光切割机的激光气体。氮气在化工行业主要用作置换气体、保护气体、安全保障气体、洗涤气体。液氮还可作为深度冷冻剂，在医院做除斑等手术时常常使用，但容易留疤，因此不建议使用。

① 液化

液化是物质由气态转变为液态的过程。液化是一个放热过程，可通过降低温度和压缩体积的方式使气体液化。冬天戴眼镜的人从户外进入室内，眼镜会上霜，镜片上会出现小水珠，这是室内空气遇到冷镜片，温度降低而液化所致。

② 氧化反应

氧化反应就是物质与氧发生的反应。一般物质与氧气发生氧化时放热，个别可能吸热，如氮气与氧气的反应。氧化反应有时剧烈，有时缓慢。物质的燃烧、金属生锈、动植物呼吸都属于氧化反应。

③ 色谱仪

色谱仪是应用色谱法对物质进行定性、定量分析，研究物质的物理、化学特性的仪器。现代的色谱仪具有灵敏性、稳定性、多用性和自动化程度高等特点。经过多年的发展，色谱仪在环境分析、食品饮料分析等方面发挥着重要的作用。

▲ 氮气常被用于制作汽车轮胎

05 氧气

▲ 氧气瓶

　　氧气在空气中的含量不如氮气多，位居第二位。常温下它是一种无色、无味、无臭的气体，不易溶于水。不过，氧气的化学性质比较活泼，大部分的元素都能与其发生氧化反应，几乎所有的有机化合物都可在氧中燃烧生成水与二氧化碳。

　　中国南朝陈的炼丹家马和是最早发现氧气的人，他认真地观察各种可燃物在空气中燃烧后，得出如下结论：空气成分复杂，主要由阳气（氮气）和阴气（氧气）组成，其中阳气比阴气多得多，阴气可以与可燃物化合把它从空气中除去，而阳气仍可安然无恙地留在空气中。

地球上的生物除了呼吸离不开氧气外，许多其他领域也与氧气息息相关。在冶炼工艺中吹以高纯度的氧气，不但能缩短冶炼时间，还可以提高钢的质量；在化学工业里，氧气在氨的合成、重油的高温裂化及煤粉的汽化等过程中均起了重要的作用；在医疗保健方面，氧气主要用于缺氧、低氧或无氧环境，如医疗抢救、登山运动、宇宙航行等。氧气具有助燃作用，在各行各业中，尤其是机械企业里用途很广。

① 助燃剂

凡与可燃物相结合能导致燃烧的物质都叫助燃剂。水虽然可灭火，但它在某种情况下，也可作为助燃剂。水由氢和氧组成，而氧又有助燃作用，在某些条件下水能分解成氢和氧，在这种条件下水就是助燃剂了。

② 过度吸氧的危害

人如果处于大于0.05兆帕的纯氧环境中，吸入纯氧时间过长，就可能发生"氧中毒"。在0.1兆帕的纯氧环境中，人只能存活24小时，在这种环境中会引发肺炎，最终导致呼吸衰竭、窒息而死。在0.2兆帕高压纯氧环境中，最多可停留1.5小时到2小时。高于0.3兆帕或更高纯氧环境中，人会在数分钟内死亡。

③ 元素

元素是化学元素的简称，是指自然界中100多种基本的金属和非金属物质。这些物质组成单一，用一般的化学方法不能使之分解，并且能构成一切物质。常见的元素有氢、氧和碳等。

06 二氧化碳

二氧化碳是空气的组分之一，常温下为无色、无味的气体，能溶于水并与水反应生成碳酸。二氧化碳是呼吸作用的产物，也是参与植物光合作用的主要物质。在一定范围内，二氧化碳的浓度越高，光合作用就越强，因此二氧化碳是最好的气肥。

气态的二氧化碳多用于制糖工业、制碱工业、钢铸件的淬火和铅白的制作等，并且在焊接领域也有广泛应用。液态二氧化碳蒸发时会吸收大量的热，而当它放出大量的热时，则会凝成固态二氧化碳，俗称干冰。

干冰升华会吸收大量热能，故可用作制冷剂。干冰还可用于人工降雨，也常用于舞台中制造烟雾。干冰在很多领域具有清洁功效，如在石油化工领域可用于设备的清洗和各式加热炉、反应器等结焦结炭的清除；在食品制药上，能成功去除烤箱中烘烤的残渣、胶状物质和油污以及未烘烤前的生鲜制品混合物；在印刷工业里可去除各种水基墨水、油基和清漆，清理导轨、齿轮及喷嘴上的积墨、油污和染料；此外，干冰在航天、核工业、美容行业等范围也得到了广泛应用。

① 铅白

铅白是一种以碱式碳酸铅为主要成分的白色颜料。铅白为白色粉末，有毒，具有良好的耐候性，但与含有硫化氢的空气接触时会生成硫化铅而由白变黑。可与氧化铅、醋酸铅、无离子水混合后再通入二氧化碳进行反应，然后经沉淀、制浆、离心脱水和干燥而制得。

② 人工降雨

人工降雨是根据不同云层的物理特性，选择合适时机，用飞机、火箭向云中播撒干冰、碘化银、盐粉等催化剂，使云层降水或增加降水量，以解除或缓解农田干旱、增加水库灌溉水量或供水能力、增加发电水量等。

③ 干冰清洗的好处

应用干冰清洗生产设备可避免和有害化学物接触而产生二次垃圾；能除掉或抑制利斯特菌、沙门氏菌等细菌，更彻底地消毒、洁净；排除水刀清洗对电子设备的损伤；最低程度的设备分解；降低停工时间。

▲ 干冰可用于制造舞台烟雾

07 稀有气体

稀有气体是化学性质很稳定的一类元素，在通常条件下不与其他元素作用，故也称为惰性气体。其在元素周期表上位于最右侧的零族，因此又叫作零族元素。它包括氦、氖、氩、氪、氙、氡等元素。空气中约含0.94%的稀有气体，但其中绝大部分是氩气。稀有气体都是无色、无味、无臭的，微溶于水，溶解度随分子量的增加而增大。它们的熔点和沸点都很低，且在低温时可以液化。

利用稀有气体的惰性，一些生产部门常用它们作为保护气。除了

▲ 氦气可代替氢气充入气球

氢气以外，氦气是最轻的气体，代替氢气充入飞艇里，不会发生着火和爆炸。稀有气体通电时会发光，世界上第一盏霓虹灯就是填充氖气制成的。依据氩气被宇宙射线照射后会电离的性质，可在人造地球卫星里设置充氩气的计算器，以反映空间宇宙射线的位置和强度。氪可吸收X射线，能用于X射线工作时的遮光材料。氙可用于医疗技术、原子能工业等方面。氡则是自然界唯一的天然放射性气体，可用作气体示踪剂，用于检测管道泄漏和研究气体运动。

① 氖灯

氖在放电时会发出橘红色辉光，这种光在空气中透射力很强，可以穿过浓雾，因此常用在机场、港口、水陆交通线的灯标上。另外日常生活中使用的试电笔中也被充入氖气，这是利用了氖放电发光以及电阻很大的特性。

② X射线

X射线是波长介于紫外线和X射线间的电磁辐射。由德国物理学家伦琴于1895年发现，故又称伦琴射线。X射线的特征是波长非常短，频率很高，具有很强的穿透本领，能透过许多对可见光不透明的物质。

③ 示踪剂

示踪剂是观察、研究和测量某物质在指定过程中的行为或性质而加入的一种标记物。常见的示踪剂有同位素示踪剂、荧光标记示踪剂、酶标示踪剂、自旋标记示踪剂等。示踪剂的性质或行为在该过程中与被示踪物应完全相同或差别极小，且示踪剂加入量应当很小，对体系不产生显著的影响并容易被探测。

08 对流层

大气层的物质分布是不均匀的。随着高度的变化，大气的含量、成分、温度都在发生着相应的变化，科学家们根据这些变化把大气分成对流层、平流层、中间层、热层和散逸层5个层次。

贴近地面的空气层叫对流层，它的厚度随纬度和季节有所变化，两极地区厚度为7~10千米，赤道上空可厚达16~18千米；夏季对流层的厚度会增加，冬季对流层的厚度会减少。相对于大气圈的总厚度来说，对流层的厚度是很薄的，但它的质量却占了整个大气圈的3/4，还几乎包含了大气中的全部水蒸气，人类和自然排放的各类污染物也基本集中在这一层。对流层直接影响着人类和地球生物活动。对流层的大气温度随着高度的上升而降低，大约每升高1000米下降6℃。由于对流层上冷下热，热空气轻，向上飘升，冷空气重，向下沉降，空气上下对流十分强烈，对流层之名由此而来。在对流层内，风云雷雨频繁，雾露霜雪时现。正是这些变化，使地面上气象万千，给地面上的生物提供了充足的水分和养料，维持着它们的生长、发育和繁衍。

① 对流层高度

对流层是地球大气层最下面、最靠近地面的一层，是地球大气层里密度最高的一层。它的高度是从地球表面向上算起，并因纬度的

▲ 对流层，风雨雷电频繁

不同而不同，在低纬度地区为17~18千米，在中纬度的地区高10~12千米，在高纬度地区只有8~9千米。

② 平流层

平流层又称同温层，位于对流层之上离地表高度10~50千米的区域，是地球大气层里上热下冷的一层。此层被分成不同的温度层，其中高温层置于顶部，而低温层置于低部。由于极地的地面气温相对较低，所以极地的平流层出现的高度较低。

③ 赤道地区

赤道地区就是南回归线和北回归线之间的地区，为全年气温高、风力微弱、蒸发旺盛的地带。赤道区域海洋的赤道洋流能引起海水的垂直交换，使下层营养盐类上升，所以此区生物养料比较丰富，鱼类较多。飞鱼为赤道带的典型鱼类。

09 高空大气层

▲ 适合飞机飞行的平流层

从对流层向上到距地面大约50千米的高空是平流层。这里空气稀薄，冷热变化不大，气流平稳，垂直对流运动微弱，水蒸气和灰尘极少，大气透明度极好，一年四季都是晴空万里，适于航空飞行。这层大气包含着一个臭氧层，臭氧吸收太阳光中大量的紫外线，使得平流层的气温迅速上升，因而平流层的顶部气温比对流层顶部的气温要高出100℃左右。

从平流层向上到85千米高的区域是中间层。这里由于臭氧极少，不能有效吸收能量，温度再次随高度上升而下降。

中间层的上面是热层，又称电离层。这里的气体分子在太阳高能射线的照射下大部分被分解为原子，并处于电离状态。热层的区间很大，从中间层顶部到800千米的高空都是它的势力范围。在这一层里，由于大气吸收了太阳的高能辐射，所以温度又一次随高度迅速上升。热层的大气被电离后，分成多个层次，把地面发射的不同波长的电磁波再反射回地面，从而使电波飞遍全球，实现了远距离的通讯。热层中的带电粒子在地球磁场作用下偏向南北两极，形成绚丽多彩的极光，是极地人所享见的壮丽景观。

热层之外，空气已十分稀薄，受地心引力的束缚很弱，稀少的高速运动的气体分子很容易逃逸到星际空间去，故称之为散逸层。

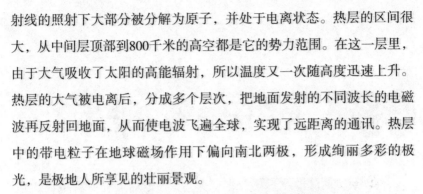

① 紫外线

紫外线属于物理学光线的一种，自然界的主要紫外线光源是太阳。紫外线在生活、医疗以及工农业都被有效利用。它能使照相底片感光，可用来制作诱杀害虫的黑光灯，能杀菌、消毒、治疗皮肤病等，还可以防伪。

② 中间层

中间层又称中层，是自平流层顶到85千米之间的区域。该区域大气中的物质以氮气和氧气为主，几乎没有臭氧，空气中的分子吸收太阳紫外线辐射后可发生电离，常称其为电离层的D层。中间层与对流层一样，气温是随高度的增加而降低的，顶部气温可降到-83℃以下。

③ 热层

热层又称暖层，是中间层顶至250千米（在太阳宁静期）或500千米（太阳活动期）之间的大气层。热层几乎吸收了波长短于1750埃的全部太阳紫外线辐射，太阳紫外线辐射成为热层主要热源，其温度随高度增加而迅速增加，层内温度很高。

10 大气与地球生命

▲ 大气是生命产生的条件

地球上的所有生命，包括被誉为万物之灵的人类，无时无刻不依赖着大气。科学研究表明，大气是生命产生的条件，是大气在时刻保护着地球上的生命。在地球上数百万种生物中，除了少数的厌氧微生物外，绝大多数的生命体都不能完全离开大气生存。从某种意义上理解，对于生命来说，大气比食物和水还要重要千百倍。

我们知道，空气是人类生存的首要因素，人3周不吃饭或3天不喝水，尚有生存的希望，但是断绝空气5分钟以上就会死亡。一个刚刚出生的婴儿，来到人世间的第一件事就是深深地呼吸一口空气，从此空气将终生陪伴着他，直至生命的终结。一个人每分钟需要呼吸十几次，每次大约吸入500毫升空气，一天要呼吸1万升空气，如果一个人生活到70岁，大约要呼吸50万立方米空气。

空气中与人类关系最密切的是氧气。人呼吸时主要是从空气中摄取氧气，氧气经过血液循环被送到人体各部位，供细胞新陈代谢，维持生命。空气中的氧气含量不足时，会对人的机体产生一系列不利的影响。空气中氧气的含量降低到13.3%时，人的机体就会出现危险的迹象，甚至出现昏迷。当氧气降低到8%时，人就会窒息、昏迷、体温下降，短时间内就会死亡。

① 微生物

微生物是包括病毒、细菌、真菌以及一些小型的原生动物、显微藻类等在内的一大类生物群体。它个体微小，却与人类生活关系密切。目前，世界上已知最大的微生物可达600微米。

② 血液循环

血液循环可分为体循环和肺循环。血液由左心室泵入主动脉，通过全身各级动脉到达身体各部分毛细血管网，再经过各级静脉汇集到上、下腔静脉，最后流回右心房，这一循环路线是体循环。血液由右心室泵入肺动脉，流经肺部毛细血管，再通过肺静脉流回左心房，这一循环路线就是肺循环。

③ 新陈代谢

新陈代谢是生物体与外界之间的物质和能量交换以及生物体内物质和能量的转变过程，其中的化学变化一般都是在酶的催化作用下进行的，分为物质代谢和能量代谢。在新陈代谢过程中，既有同化作用，又有异化作用。

11 大气的重要性

地球上的动物和人类都离不开空气，植物也一样，它也需要呼吸。植物是通过叶子里的气孔进行呼吸的，不过植物只在黑夜吸收氧气，排出二氧化碳，白天在阳光下，植物吸收大气中的二氧化碳，进行光合作用，生成葡萄糖，同时放出大量的氧气。提倡绿化造林，美化环境，净化空气，以促进人体健康，就是这个道理。

生命的存在必须有适宜的温度，过冷、过热都不利于生命的发育。地表的能量绝大部分来自太阳辐射，地球大气恰好有效地调节了这种辐射。白天，当艳阳高照，太阳辐射强烈时，大气分子吸收了部分能量，大气中的尘埃还反射掉部分能量，只让一部分阳光照射到地

▲ 植物生存离不开空气

表，从而避免了地球受到过量的辐射，使地表在白天保持适宜的温度。夜晚，大气又像一层厚棉被，使地表热量不会散失太快，让地表温度不至于过低。大气的这种平衡温度的功能，使地球温度保持相对稳定，使昼夜温差变化保持在生命体适宜的限度内，避免了对生命体的伤害。另外，大气层还屏蔽、吸收、分解太阳辐射中的有害成分，使地球生命得到保护。

大气还是地球坚厚的"防弹衣"，它使地球免遭各种天体的袭击，那些飞向地球的天体，在通过厚达几千千米的大气层时大多数因摩擦而燃烧殆尽，从而保护了地球生命。

① 太阳辐射

太阳辐射是指太阳向宇宙发射的电磁波和粒子流（一种具有一定能量的、抽象的物质）。虽然地球所接受的太阳辐射能量仅为总辐射能的二十亿分之一，但地球大气运动的主要能源却来自它。

② 光合作用

光合作用即光能合成作用，是生物界赖以生存的基础，是植物、藻类和某些细菌在可见光的照射下，经过光反应和碳反应，利用光合色素，将二氧化碳或硫化氢和水转化为有机物，并释放出氧气或氢气的生化过程。

② 葡萄糖

葡萄糖又称为玉米葡糖，是自然界分布最广且最为重要的一种单糖。葡萄糖在生物学领域具有重要地位，是活细胞的能量来源和新陈代谢的中间产物。纯净的葡萄糖为无色晶体，有甜味，溶于水，微溶于乙醇，不溶于乙醚。

12 负离子

在日常生活中，人们都有这样的体会，当你在空气污浊的地方待久了，偶尔来到激浪澎湃的海边、飞泻而下的瀑布旁、溅洒如雨的喷水池畔，呼吸一下饱含水雾的清新空气，就会顿时觉得精神舒畅，心旷神怡。这不仅是因为这些地方很少有刺激性的化学物质的污染，更重要的是因为那里的空气中含有大量的负离子。

负离子又叫阴离子，是一种带负电荷的气体原子。医学家早就发现，空气中的负离子十分有益于人体健康。有人曾经做过这样的实验：将两组营养条件完全相同的小白鼠，分别供给正常空气和经棉花过滤的空气。几个星期以后，前者安然无恙，而后者却纷纷患病或死亡。这是因为棉花在过滤除尘的同时，也除去了空气中的负离子。人们还发现，在一些极端洁净的环境中，如在电子计算机控制中心、集成电路的洁净室、宇宙飞船的密封舱内，虽然温度适宜，湿度适当，一尘不染，但工作人员却常感到头昏易倦，胸闷气郁，非常难受。这都是那里的空气中缺乏负离子的缘故。由此可见，空气中的负离子对动物和人体健康是多么重要，它就像维生素一样，是动物和人体不可缺少的物质，难怪人们把它比喻为"空气中的维生素"。

▲ 负离子丰富的环境

① 负离子

离子是原子失去或获得电子后所形成的带电粒子，负离子就是带一个或多个负电荷的离子。负离子是一种对人体健康非常有益的远红外辐射材料，人类进入富含负离子的场所，会感到头脑清新，呼吸畅快。空气负离子能还原来自大气的污染物质，使空气得到净化。

② 电荷

电荷是带正负电的基本粒子，可分为正电荷与负电荷。无论是正电荷还是负电荷，都有着吸引轻小物体的能力。古代人类很早就观察到"摩擦起电"现象，并认识到电只有正负两种，同种相斥，异种相吸。电荷的多少叫电荷量，即物质、原子或电子等所带电的量。

③ 宇宙飞船

宇宙飞船是一种运送航天员、货物到达太空，能基本保证航天员在太空短期生活和进行一定的工作，并安全返回的一次性使用的航天器，分为单舱型、双舱型和三舱型。世界上第一艘载人飞船是苏联的"东方—1"号宇宙飞船，于1961年4月12日发射。

13 负离子的作用

▲ 海边空气中含有大量的负离子

　　负离子对生物机体有着十分重要的意义。在生物机体中，每个细胞都像一个微型电池，它的膜内外有50~90毫伏的电位差。一旦机体得不到负离子的补充，正常的生理活动就会受影响，产生头晕、疲乏、胸闷、恶心等症状。负离子还能改善人的呼吸功能、增加氧的吸收量和二氧化碳的排出量，也可促进机体的新陈代谢、增强免疫力、促进血液循环等。

　　空气中的负离子含量是有限的，且在不同的空间区域变化很大。曾有人测定过，城市室内每立方厘米空气中，有40~50个负离子，而室外会多些，为100~200个负离子，郊野可多达750~1000个，在海边、山谷、瀑布处可高达2万多个。每当雨过天晴，人们会感到空气格外清新，这正是因为在雷雨过后，闪电会形成大量的负离子。

空气中的负离子存在的时间很短，尤其是在遇到空气中的污染物后会很快消失。在一些污染严重的城市中，由于空气中污染物多，负离子难以存在，这是其空气不新鲜的主要原因。

早在20世纪70年代，负离子对人体健康的重要作用就已受到人们的重视。人们利用空气负离子技术改善生态环境，商家也利用负离子的这种"生命维生素"的作用，研制出负离子发生器，为人类健康造福。

① 负离子对血液系统的影响

负离子能进入血液直接影响血液中带电粒子细胞的分布和组成，促使血红蛋白、红细胞、血钙增加，降低血脂、血糖和血液黏稠度。研究表明，负离子可使血液凝聚留宿变慢、延长凝血时间，还能使血中含氧量增加，有利于血氧输送、吸收和利用。

② 免疫系统

免疫系统是人体抵御病原菌侵犯最重要的保卫系统，由免疫器官（骨髓、脾脏、淋巴结、阑尾等）、免疫细胞（淋巴细胞、中性粒细胞、单核吞噬细胞、血小板等）以及免疫分子（免疫球蛋白、干扰素、白细胞介素等）组成。

③ 负离子发生器

负离子发生器是一种生成空气负离子的装置。空气负离子有大、中、小三种类型，对人体健康有益的是小粒径负离子。目前，传统的负离子生成技术无法生成小粒径负离子，只有采用负离子转换器技术、纳子富勒烯负离子释放器、负离子释放器技术才能产生小粒径的负离子。

14 气象对生活的影响（一）

我们通常所说的气象是指发生在天空中的雨、雪、雷、电、风、云、露、霜、晕、虹等一切大气中的物理现象。这些现象不仅构成了多变的天气，而且对人类生活的各个领域产生了很大的影响。

由于农作物是在大自然中生长的，雪、雨、风、雹、光照、冷、热等气象条件对农业生产的各种活动都具有很大的影响，所以农业生产与气象是息息相关的。洪涝、干旱、高温、霜冻、大风、冰雹等灾害性天气对于农作物的收获有着很大的影响。例如，东北夏季的低温对于大豆、高粱、水稻和玉米等作物有影响；春季的低温连阴雨对于江南早稻育秧有影响；寒露风对于晚稻抽穗扬花有影响。

气象对工业生产的影响也是非常广泛的。无论是厂房的设计、厂址的选择，还是原料制造、储存、产品运输和保管等环节，都受到湿度、温度、风、降水、日照等气象条件的影响，特别是灾害性天气，如干旱、风暴、低温等，对工业生产的各个环节都会带来或多或少的影响。例如，高温会诱发火灾和爆炸；原材料等物品处于高温或高湿的条件下，还会产生腐蚀、霉烂等现象，从而影响生产的效率和工人的身体健康。

① 晕环是怎样形成的

晕是日光、月光通过卷层云时，受到冰晶的折射或反射而形成的。有卷层云时，天空飘浮无数的冰晶，当光线射入卷层云中的冰晶后，经过两次折射，分散成不同方向的各色光，在太阳周围的同一圆圈上的冰晶，都能将同颜色的光折射到我们的眼睛里而形成内红外紫的晕环。

② 折射

折射是光从一种透明介质斜射入另一种透明介质时，传播方向发生改变的现象。由于光在两种不同的物质里传播速度不同，故在两种介质的交界处传播方向发生变化。光的折射与光的反射一样都是发生在两种介质的交界处，只是反射光返回原介质中，而折射光则进入另一种介质中。

③ 寒露风

寒露风是南方晚稻生育期的主要气象灾害之一。每年秋季"寒露"节气前后，是华南晚稻抽穗扬花的关键时期，这时如遇低温危害，就会造成空壳、瘪粒，导致减产。寒露风与冷空气活动有关，当北方有强冷空气南下且冷空气在南方停留时间较长时，最易造成寒露风灾害。

▲ 彩虹

15 气象对生活的影响（二）

▲ 气象台

气象对人类生活的影响除了体现在农业和工业方面，还体现在军事、交通等方面。

兵家历来重视气象对作战的影响，台风、暴雨洪涝、高温、冷冻、大雾等，都是对战争具有较大危害的气象灾害。著名的滑铁卢战役的结果就很大程度上受到了气象的影响。当时在决战前夜，忽降大雨，田野、道路泥泞，兵马难行。法国援军无法赶到，致使拿破仑大败，从此被流放至死。

气象对航空有影响，海上与陆地上的交通也会受到气象因素的制约。浓雾会降低能见度，暴雨、雷暴、冰雪等会降低交通的安全性。正如，海雾会使渔船、舰艇和客船等有相撞、触礁、偏航、搁浅的危险。

据统计，自1959年以后的20年里，与气象有关的飞行事故，占起飞、着陆阶段严重飞行事故总数的59.9%。显然，气象条件无论对于飞机的高空飞行，还是起飞和着陆都会产生影响与制约。例如，德尔塔航空公司的一架DL9-32飞机于1973年12月27日在田纳西州的蒙尼西塔尔机场着陆时遇上大雨，由于挡风玻璃上的大水滴对光线产生了折射，驾驶人员对灯光判断失误，致使飞机撞灯柱失事。

① 台风

台风是热带气旋的一个类别。热带气旋按照其强度的不同，依次可分为六个等级：热带低压、热带风暴、强热带风暴、台风、强台风和超强台风。西北太平洋地区是世界上台风（热带风暴）活动最频繁的地区，每年登陆中国的就有六七个之多。

② 洪涝

洪是指大雨、暴雨引起水道急流、山洪暴发、河水泛滥淹没农田、毁坏环境与各种设施等原生环境问题；涝指水过多或过于集中造成的积水成灾。总体来说，洪和涝都是水灾的一种。

③ 风暴

风暴泛指强烈天气系统过境时出现的天气过程，特指伴有强风或强降水的天气系统，例如雷暴、台风、龙卷风、热带风暴、热带气旋等。风暴还可以比喻动荡或骚动的状态。

16 风

相对于地表的空气运动，风通常指它的水平分量，以风向、风速或风力表示。由于风受到地形、大气环流、水域等不同因素的综合影响，所以表现出的形式也多种多样，如地方性的海陆风、焚风、山谷风、季风等。

风的形成是空气流动的结果，而空气流动所形成的动能就称作风能。风能是分布广泛、用之不竭的能源，对风能的利用就是将大气运动时所产生的动能转化成其他形式的能，例如，风力发电就是将风能最终转化为电能，供人使用。

风是农业生产的环境因子之一，对于农业生产具有重要影响。风能传播植物的花粉和种子，帮助植物授粉、繁殖。风还影响着农田蒸发，空气中氧气、二氧化碳等的输送以及近地层热量的交换。风速越大，上述环节就进行得越快、越强。不过，风对于农业并不只是积极作用。风能传播病原体，使植物的病害蔓延，并能为稻纵卷叶螟、稻飞虱、黏虫、飞蝗等害虫的长距离迁飞提供气象条件；在干旱地区，风还是导致土地沙漠化的元凶之一；牧区的暴风雪和大风会吹散畜群，加重冻害。而一些风暴等与风力有关的气象灾害，无疑对农业生产有着巨大影响。对于风力条件恶劣的地区，可采用营造防风林、设置风障等有效的防风措施。

▲ 风力发电

① 花粉

　　花粉是种子植物特有的结构，相当于一个小孢子和由它发育的前期雄配子体。各类植物的花粉各不相同，大多数花粉成熟时分散，称为单粒花粉，但也有两粒以上花粉黏合在一起的，称为复合花粉粒。花粉是植物的生命源泉，具有美容、药用等功效。

② 防风林

　　防风林又称防护林，是为了防风固沙、保持水土、调节气候、涵养水源、减少污染所经营的天然林和人工林，是中国林种分类中的一个主要林种。营造防护林时要根据"因地制宜、因需设防"的原则，抚育管理，在防护林地区只能进行择伐，清除病腐木，并需及时更新。

③ 土地沙漠化

　　土地沙漠化又称荒漠化，是指处于干旱和半干旱气候的原来非沙漠地区，由于自然因素和人类活动的影响，生态系统被破坏，其出现类似沙漠环境的变化过程。荒漠化现象可能是自然的，也可能是受人类活动影响而形成的。

17 风对大气污染的影响

　　风是一种常见的自然现象。在地球表面大气层，由于气压分布不均匀，产生空气的流动，从而形成了风。空气总是从气压高的地方流向气压低的地方，高气压与低气压之间的气压差越大，空气流动的速度越快，风也就会刮得越大；如果气压差异小，空气流动就缓慢，风力就会小。由于地球上的气压梯度力的方向、大小随时都在变化，风速和风向也随之变化。风的流速时大时小，有阵发性，风的方向也会在主导方向的上下左右无规则地摆动，此时易形成湍流。湍流本身又有尺度大小强弱之别。大气对于污染物的自然稀释作用就与风及湍流的作用密切相关。

▲ 污染物的扩散取决于风的作用

风及湍流的作用对大气中污染物的传送、扩散、稀释有明显的影响。我们经常看到，从烟筒冒出的浓烟，在大气中慢慢地扩散、稀释，距离烟筒越远，扩散的面积越大。在没有风或者风小的情况下，烟气扩散缓慢，而在风大的时候，烟气上下左右波动很大，很快沿着主导风向流动、扩散。这说明，污染物在大气中的扩散、稀释速度主要取决于风和湍流的作用。显而易见，湍流的强度越强、风力越大，对污染物的稀释、扩散越有利，反之，污染只能集中在某一区域，无法扩散。因此，在实际工作中常常根据风和湍流的资料来估计污染物在大气中的扩散、稀释规律。

① 湍流

　　空气动力学中的湍流指的是短时间内的风速波动。引发湍流的原因可能是气压变化、急流、冷锋、暖锋和雷暴，在晴朗的天空中也可能出现湍流。湍流不易被预测。

② 风能利用

　　风能即地球表面大量空气流动所产生的动能，是一种环保能源。目前对风能的利用有三方面：一是用于抽水灌溉、打米磨面；二是风力发电，为偏僻农村和牧区提供电力；三是用于采暖、降温和海水淡化。未来风力的用途将越来越广。

③ 大气环流

　　大气环流一般指具有世界规模的、大范围的大气运行现象。大气环流形成的主要原因，一是太阳辐射，二是地球自转，三是地球表面海陆分布不均匀，四是大气内部南北之间热量、动量的相互交换。研究大气环流有利于提高天气预报的准确率和加深对全球气候变化的探索。

18 风传播污染物

▲ 山区工厂排放废气受风向影响

通常，风速达每秒4米时，污染物能自然稀释，若风速低于每秒3米时，能使污染物移动，但不易扩散。无风时，污染的空气在水平方向上的扩散程度趋于停止。另外，贴近地面的大风也可能卷起地面的粉尘使污染情况变重。

风向对于大气污染的影响也是很明显的。一般处于污染源上风头的空气不易被污染，下风头地区则易受污染。如中国湖南一家工厂在1982年发生过一起污染中毒事件，该厂绝大部分工人蒙受毒害。中毒事件的起因是该厂西北角有一硫酸车间，车间排放的废气顺风而下，严重污染了处于下风头的厂区。

通常，山区的工厂排放的废气受风向影响极大，建在迎风山坡一侧的烟囱排出的废气容易随风扩散，而背风山坡一侧难以扩散，并且有可能形成涡流卷到地面造成污染。所以在山区筹建工厂时，烟囱的选址事关重大，烟囱要建在离山坡较远的平地上或建在迎风一侧的山坡上。

处于山谷地带的工厂，两侧都是山，十分容易发生涡流现象，导致空气污染严重，因此，山谷地带不宜建造有严重污染物排放的工厂。举世震惊的美国多诺拉、比利时马斯河谷等地的大气污染事件都是发生于河谷地带，其深刻的教训当为世人谨记。

① 山区

山区一般指山地、丘陵以及比较崎岖的高原分布的地区。由于它的地形，山区较平原来说，不大适宜发展农业，易造成水土流失等生态破坏现象。但一些水热条件比较好的地区，是可以大力发展林业、牧业的，开发旅游观光区也不失为增加当地人们收入的好方法。

② 山坡

山坡是介于山顶与山麓之间的部分，是构成山地的三大要素之一。山坡的形态复杂，有直形、凸形、凹形、"S"形，较多的是阶梯形。山坡分布的面积广泛，因此山坡地形的改造变化是山地地形变化的主要部分。

③ 烟囱

烟囱是最古老、最重要的防污染装置之一，是将烟气导向高空的管状建筑物。其主要作用是拨火拨烟，排走烟气，改善燃烧条件。当室内温度高于室外温度时，高层建筑内可能产生烟囱效应，在烟囱效应的作用下，室内有组织地自然通风、排烟排气得以实现，但烟囱效应也具有负面影响。

19 雨

海洋和陆地表面的水受太阳光的照射之后，会变成水蒸气而被蒸发到空气中，水蒸气在高空中遇到冷空气，便凝结成小水滴。这些小水滴非常小，最大直径也只有0.002毫米。它们在空中聚成了云，小水滴们在云里相互碰撞而合并成大水滴，当这些大水滴大到空气再也无法托住的时候，就会从云中掉落下来，于是便形成了雨。

▲ 雨可净化环境

雨几乎是所有远离河流的陆生植物唯一补给淡水的方法，不仅有利于植树造林，还能对农作物起到灌溉的作用。雨可以补给河流、地下水，有利于水库蓄水，可以降低气温，减少空气中的灰尘，冲刷地面的垃圾，净化环境，稀释毒物，而且还在航运和发电等领域起着积极的作用，所以雨是地球不可缺少的一种自然现象。

不过雨水也不是越多越好，过多的雨水反而会抑制植物的生长，而且在长期潮湿的环境中，物品极易受潮、霉烂。雨下多了不仅会引发泥石流、滑坡等自然灾害，还会导致交通的堵塞和影响人的情绪。在地上，雨水会侵蚀许多建筑物；在地下，雨水会把土壤中有毒的物质带入地下水，导致地下水污染。

① 蒸发

水由液态或固态转变成气态并逸入大气中的过程称为蒸发。在一定时段内，水分经由蒸发而散布到空中的量就是蒸发量。一般湿度越小、温度越高、气压越低、风速越大则蒸发量就越大，反之蒸发量就越小。一个少雨地区，如果蒸发量很大，极易发生干旱。

② 淡水

含盐量小于0.5克/升的水属于淡水，地球上淡水总量的68.7%都是以冰川的形态出现的，并且分布在难以利用的高山和南极、北极地区，还有部分埋藏于深层地下的淡水很难被开发、利用。人们通常饮用的都是淡水，并且对淡水资源的需求量越来越大。目前，可被直接利用的水是湖泊水、河床水和地下水。

③ 水库

水库是一种具有拦洪蓄水和调节水流功能的水利工程建筑物，可以用来灌溉、防洪、发电和养鱼。水库按库容大小划分，可分为大型、中型、小型等。有时天然湖泊也可以称为水库（天然水库）。

20 雨雪对环境的影响

▲ 降雨有利于植物生长

下雨是一种常见的自然现象。我们都知道，天上有云才能下雨，因为雨水来自云中，但是有云时未必会降雨。据研究，一个细小的云滴需增大100万倍才能成为一滴雨降落下来。

雨水对于被污染空气可起到"洗尘"作用。被污染空气中的粉尘、二氧化硫、硫化氢等物质与雨水接触时，或溶解于水中，或被水滴吸附，并随雨水下落到地面，空气因此得到了净化。一场阵雨之后，人们常常感到空气格外新鲜，其原因就在于此。适当的雨水对农作物的生长也十分有利。

雪和雨一样，也是由云滴凝结而成，当云中和云下面的气温低于0℃时，小水滴就会凝结成冰晶、雪花，下落地面。降雪对人类环境有很多益处。它有利于农作物生长发育，因雪的导热本领差，土壤表面被雪覆盖后，可以减少土壤热量的散失，阻挡寒气的侵入，所以受雪保护的植物可以安全越冬。积雪还能为农作物储存水分、增强土壤肥力，有利于农业生产。另外，空气中的灰尘、细菌等污染物随着雪花降落到地面，有些病毒被冻死了，减少了病原。雪后，空气新鲜、清洁，十分有益于人体健康。雪后景色，银装素裹，更是分外妖娆。

① 溶解

溶解在广义上讲，是两种或两种以上物质混合而成为一个分子状态的均匀相的过程；狭义上则是一种液体对于固体、液体、气体产生化学反应使其成为一个分子状态的均匀相的过程。溶质溶解于溶剂中就形成了溶液，溶液并不一定为液体，还可以是固体和气体。

② 土壤

土壤是指覆盖于地球陆地表面，具有肥力特征的，能够生长绿色植物的疏松物质层。它是由岩石风化而成的矿物质、动植物，微生物残体腐解产生的有机质、土壤生物（固相物质）、水分（液相物质）、空气（气相物质），氧化的腐殖质等组成的。

③ 土壤肥力

土壤肥力是土壤各种基本性质的综合表现，是土壤作为自然资源和农业生产资料的物质基础，也是土壤区别于成土母质和其他自然体的最本质的特征，是土壤为植物生长提供和协调营养条件和环境条件的能力。四大肥力因素有养分、水分、空气、热量。

21 酸雨

天上下雨，本是大自然的一种很普通的自然现象。雨水可以扫去漫天尘埃，使空气更加清新；雨水可以浇灌土壤，滋润庄稼，使大地万物充满勃勃生机。

然而，并不是所有的雨水都会给大地带来生命活力。有时，天上也会降下反常的雨水，它所到之处，树木枯死，田园荒芜，鱼塘酸化，鱼虾丧生；它像强烈的腐蚀剂，使岩石粉化，使钢铁锈蚀。这种天上飘落的祸水就是被称为"空中死神"的酸雨。

酸雨，顾名思义，是一种酸性的雨，它是雨水中吸收并溶解了一些酸性物质所形成的。在化学上，液体的酸碱程度用pH值表示。pH值等于7时，酸碱中和，pH值大于7，液体呈碱性，pH值小于7，液体就是酸性，pH值越小，表明液体酸性越强。家庭中食用的食醋，pH值在3左右，柠檬汁的pH值也不过在2左右，而正常情况下的雨水由于溶解了大气中的二氧化碳，故略偏酸性，pH值约为6。国际上规定，pH值小于5.6的雨称为酸雨。

① 岩石

岩石是组成地壳的物质之一，构成地球岩石圈的主要成分，是矿物的混合物，其中海面下的岩石称为礁、暗礁及暗沙。岩石是具有一定结构构造的，由一种或多种矿物组成的集合体，也有少数岩石包含生物的遗骸或遗迹。

② 锈

锈是金属在大气中因腐蚀而产生的以氢氧化物和氧化物为主的腐蚀产物。当铁长时间处于湿润状态时，就会和氧产生化合，生成铁锈。铁锈是一种棕红色的物质，它不像铁那么坚硬，很容易脱落。一块铁完全生锈后，体积可胀大8倍，且特别容易吸收水分。

③ 腐蚀

腐蚀指物质因化学作用而逐渐消损破坏，可分为湿腐蚀和干腐蚀两类。湿腐蚀指金属在有水存在下的腐蚀，干腐蚀则指在无液态水存在下的干气体中的腐蚀。硝酸、硫酸、盐酸、发烟硫酸、氢氧化钠、氢氧化钾等为强腐蚀化学品。

▲ 柠檬汁呈酸性

22 酸雨 的 危害（一）

▲ 被腐蚀的汉白玉雕刻

酸雨对建筑物的腐蚀作用非常显著，且对大理石建筑物的腐蚀作用最为强烈。它可与建筑石料发生化学反应，生成能溶于水的硫酸钙，被水冲刷掉；在雨水淋不到石料的部位，碳酸钙转化为硫酸钙后形成外壳，然后层层剥落。

北京故宫有很多精美的大理石、汉白玉雕刻艺术作品，这些艺术品都是中国古代艺术家创作的国宝。但近几十年来这些雕刻作品在酸雨的作用下变得模糊不清，甚至起了斑点。

酸雨对金属材料的腐蚀同样不可小视，酸雨对金属材料也有很强的腐蚀作用，能使世界各地的钢铁设施、金属建筑物迅速锈蚀，由此造成的损失难以估量。金属在大气中的腐蚀速率取决于许多因素，如环境条件、金属种类、污染程度及作用时间等。据研究，酸雨对金属材料的腐蚀速率为非酸雨区的2~4倍。

法国的埃菲尔铁塔由于受到酸雨的侵蚀，每年要花大量金钱来维修保养。美国纽约自由岛上的自由女神铜像，早已披上了一层厚厚的铜绿。近20年来，酸雨侵蚀速度显著加快，人们不得不耗巨资对这些建筑物进行清洗和保护。

① 大理石

大理石又称云石，是地壳中原有的岩石经过地壳内高温、高压作用形成的变质岩，主要成分是碳酸钙。大理石是商品名称，是天然建筑装饰石材的一大门类，并非岩石学定义。在室内装修中，电视机台面、窗台、室内地面等适合使用大理石。

② 故宫

故宫旧称紫禁城，是世界上现存最大、最完整的木质结构的古建筑群，位于北京市中心，四周有城墙围绕，四面由筒子河环抱，城四面各有一门，正南是午门，为故宫的正门。故宫文化是以皇帝、皇宫、皇权为核心的帝王文化，或者说是宫廷文化。

③ 埃菲尔铁塔

埃菲尔铁塔是世界建筑史上的技术杰作，是一座于1889年建成，位于法国巴黎战神广场上的镂空结构铁塔，高300米，天线高24米，总高324米。埃菲尔铁塔从1887年起建，分为三层楼，一、二楼设有餐厅，三楼则是观景台。它是巴黎的标志之一，被法国人爱称为"铁娘子"。

23 酸雨 *的危害*（二）

酸雨对生物和生态环境的危害很严重。酸雨会对植物造成破坏。酸雨降落在植物叶片上，会破坏其角质保护层，伤害叶片细胞，干扰新陈代谢，使植物叶绿素减少，光合作用受阻，引起叶片萎缩和畸形，严重影响植物生长发育。

酸雨降落在土壤中，犹如用稀酸溶液淋洗土壤，土壤中营养元素溶出并迅速流失，使土壤日益贫瘠。酸雨使土壤酸度增加，从而使土壤中的微生物活性受到抑制，造成大量有机物不能及时、有效地分解，无法被植物吸收，导致土壤肥力下降。酸雨融进土壤可使本来固定在土壤中的有毒金属溶解出来，变成水溶液，并同水分一起被植物根系吸收，影响植物生长，甚至造成植物死亡。此外，降落到土壤中的酸雨还能被植物吸收直接进入植物体内，使植物体内细胞的分解发育受到阻碍，对植物造成伤害。

酸雨对动物的危害，首当其冲的是水生生物。江河湖泊中的水一般都是中性或弱碱性，各类水生生物在长期进化过程中，早已适应了这种酸碱度和水生生态环境。当水体遭受酸雨侵袭后，酸碱度发生变化，就会对水中生物的生存产生灾难性的影响。研究表明，当水的pH值为6.5时，大多数水生生物就会出现活动失常现象，如果水的pH值降到4.5时，几乎所有的水生生物都会死亡。

▲ 酸雨会造成树木枯死

① 生态破坏

生态破坏是指人类不合理地开发、利用造成草原、森林等自然生态环境遭到破坏，从而使人类、动物、植物的生存条件恶化的现象。现今比较严重的生态破坏有水土流失、土地荒漠化、土地盐碱化、生物多样性减少等。

② 土壤酸化

简单地说，土壤酸化就是土壤变为酸性的过程。酸化是土壤风化成土过程的重要方面，但由于其酸性影响土壤中生物的活性，降低土壤养分的有效性，还会对作物产生毒害，所以土壤酸化一般来说，并不是一种有益的过程。酸雨便可导致土壤的酸化。

③ 水生生物

水生生物是生活在各类水体中的生物的总称。它们有的适于在淡水中生活，有的则适于在海水中生活，按功能划分包含自养生物、异养生物和分解者。水生生物种类繁多，有各种微生物、藻类以及水生高等植物、各种无脊椎动物和脊椎动物。

24 全球受酸雨危害情况

▲ 酸雨可使鱼儿死亡

酸雨像空中飘落的死神，到处洒下扼杀生命的祸水，对草原、森林、鸟兽鱼虫、牲畜家禽和人类等一切大自然的生灵进行疯狂的残害，给大地带来灾难。

北欧的瑞典是一个美丽的多湖国家，全国共有大小湖泊9万多个。由于酸雨的影响，目前已有1.8万个湖泊呈酸性，主要分布在瑞典南部，其中污染严重的4000个湖泊中鱼类急剧减少，甚至有些湖泊已经成为死湖。挪威南部有1500个湖泊pH值小于4.3，其中70%的湖泊中没有鱼类。

位于北美的加拿大由于酸雨倾泻，4000个大小湖泊中生命绝迹，变成死亡之湖，大片的森林枯败坏死。

酸雨不仅使草木枯死，鱼虾绝迹，人类也未能幸免，美国和加拿大两国仅在1980年一年之内就有5万多人由于受酸雨中的硫化物的侵害而死亡。

中国西南工业城市重庆东南郊的一场pH值在4左右的酸雨过后，大片农作物叶片出现赤褐色斑点，几天以后纷纷枯死。酸雨严重地腐蚀着嘉陵江大桥，使大桥维修周期越来越短，维修费用大幅提高。市区供电系统线路中的金属器件也因为受到酸雨的侵蚀，使用寿命缩短了一半。

① 湖泊

湖泊是陆地表面洼地积水形成的比较宽广的水域，是在地壳构造运动、冰川作用、河流冲淤等地质作用下，地表凹陷积水而形成的。拦河筑坝形成的水库和露天采石矿场积水凹地也属于湖泊之列，即人工湖。

② 森林

森林是一个树木密集生长的区域，拥有各种植被。这些植被覆盖了全球大部分的面积，是构成地球生物圈的一个重要部分，其结构复杂，不仅能提供木材、食物、药材等，还可以改善空气质量、涵养水源、缓解"热岛效应"、减少风沙危害、减少泥沙流失、丰富生物物种、减轻噪声污染，并且美化自然环境。

③ 草原

草原是具有多种功能的自然综合体，属于土地类型的一种，分为热带草原、温带草原等多种类型。草原是世界上所有植被类型中分布最广的，草本和木本的饲用植物大多生长在草原上。

酸雨的来源

酸雨本质上是含有多种无机酸和有机酸，绝大部分是硫酸和硝酸，多数情况下以硫酸为主的雨。硫酸和硝酸的形成，是人类活动造成大气污染的结果，是人为排放的二氧化硫和氮氧化物转化而成的。

人类进入工业社会以后，大批机器投入使用，大量的工厂竞相建立，一个个高大的烟囱不停地向空中喷云吐雾，每年把数以亿吨计的二氧化硫、氮氧化物、氯化氢及其他有机化合物排放到大气中。各种汽车、火车等交通工具的发动机在燃烧汽油的同时也把含有上述成分的大量废气排入空气，造成大气的严重污染。据估计，由于人类活动，世界上每年有2亿多吨含二氧化硫和氮氧化物的气体被排放到大气之中。

进入大气中的二氧化硫和氮氧化物等，在大气中与蒸汽结合变成硫酸和硝酸，一旦遇到降雨天气，它们便随同雨水飘落下来形成酸雨。带有酸雨的云还会随同强风一起飘到很远的地方，从而造成当地也被污染。

1967年，瑞典科学家斯万特欧登在研究了各地降雨情况后首次发表了对酸雨认识的学术论文，指出酸雨对人类来说是一场化学战争，应把酸雨视为危害人类的化学武器。从此，世界各国的科学家和环境部门把对酸雨的监测、研究和治理列入自己的工作日程。

① 化学武器

化学武器是一种大规模杀伤性武器，是以毒剂的毒害作用杀伤有生力量的各种武器、器材的总称。按化学毒剂的毒害作用可把化学武器分为六类：神经性毒剂、糜烂性毒剂、全身中毒性毒剂、失能性毒剂、刺激性毒剂及窒息性毒剂。化学武器大规模使用始于第一次世界大战。

② 氮氧化物

氮氧化物是由氮、氧两种元素组成的化合物，常见的有氧化亚氮、二氧化氮、笑气、五氧化二氮等。天然排放的氮氧化物，主要来自土壤和海洋中有机物的分解，属于自然界的氮循环过程。人为活动排放的氮氧化物，则大部分来自化石燃料的燃烧。

③ 有机酸

有机酸在中草药的叶、根，特别是果实中广泛分布，是指一些具有酸性的有机化合物。有机酸多溶于水或乙醇呈显著的酸性反应，难溶于其他有机溶剂。有机酸可作为抗生素，还可降低消化物的酸碱度和增加胰腺分泌。

▲ 酸雨的工业排放源

26 闪电

　　积雨云会产生正、负两种电荷，负电荷聚集在底层，正电荷则分布在顶层，同时还会在地面产生正电荷，这些电荷会如影随形地跟着云而移动。正、负电荷就像磁铁的两极一样，会彼此吸引。可是，空气却不是传导电荷的良好导体，于是正、负电荷为求相遇，正电荷会奔向山丘、树木、高大的建筑物顶端，甚至是人体之上，负电荷则成枝状向下伸展而越来越接近地面。正、负电荷最后克服了空气的阻碍而相遇，于是一股巨大的电流从地面沿着一条传导气道直奔云层，从而产生出一道明亮夺目的闪光，这便形成了我们通常所说的闪电。

　　闪电是云与云之间、云与地之间或者云体内各部位之间的强烈放

▲ 积雨云

电现象。它的温度等同于太阳表面温度的3~5倍，并且一道闪电的长度短则百米，长则数千米。闪电有很多种类型，如线状闪电、带状闪电、片状闪电、火箭状闪电、球状闪电、连珠状闪电等。其中最常见的是线状闪电，它是一些非常明亮的白色、淡蓝色或粉红色的亮线，形状很像是地图上一条具有众多分支的河流，又像是悬挂于空中的一棵大树。

输电线网、建筑物等遭到闪电的袭击，可能造成严重损失。保护建筑物免受闪电袭击最切实可行的办法就是安装避雷针，把闪电引向事先选好的地面上的安全区。

① 磁铁

磁铁能够产生磁场，吸引铁磁性物质，如铁、镍、钴等金属。磁铁有两极，即南极和北极，同极相排斥、异极相吸引。磁铁可分为永久性磁铁与非永久性磁铁，永久性磁铁可以是天然产物，也可以由人工制造；非永久性磁铁，例如电磁铁，只有在某些条件下才会出现磁性。

② 避雷针

避雷针又称防雷针，是用来保护建筑物等避免雷击的装置。现代避雷针是美国科学家富兰克林发明的。在高大建筑物顶端安装一根金属棒，用金属线将其与埋在地下的一块金属板连接起来，利用金属棒的尖端放电，使云层所带的电和地上的电逐渐中和，从而避免引发事故。

③ 海底闪电

海底也有闪电，这是苏联科学家在日本海底发现的。科学家经过反复试验，最后认为：闪电的电荷源实际上来自陆地上近海岸的空中，再经过岩石传导，一直深入海底。但随着传导距离的增加，电量逐渐减少，因此海底测得的放电量一般是较弱的。

27 雷

每次天空出现闪电后不久，就会传来轰隆隆的响声，即雷鸣。闪电极高的温度使得它周围的空气受热而剧烈膨胀，从而致使空气迅速移动而形成波浪并发出巨大的声响。在云体之间或云体内部产生的雷称为高空雷；在云与地之间产生的雷则称为落地雷。雷与闪电如影随形，我们可以根据所听到的雷声来推算出闪电发生的位置。在看到闪电之后，迅速开动秒表，直到听到雷声再按停，用得到的秒数乘以声波在空气中传播的速度就可以推算出所在位置与闪电的大致距离。

与高空雷相比，落地雷对于生活在地表的人类影响较为明显，它所形成的高温、电流、电磁辐射等，都具有非常大的破坏力，会导致建筑物被破坏和人体的伤亡。湖南省溆浦县的观音阁、双井、低庄乡等地于1986年4月25日7时20分发生落地炸雷。事后调查统计，此次雷击造成7人死亡，

▲ 被腐蚀的汉白玉雕刻

10人受伤，死亡7人里有5人是在开关附近和照明电灯下被雷击中的，而观察被害者屋内电线，安装十分凌乱。所以，按要求安装电线，并且发生雷电时，保持室内干燥，远离容易导电的金属物体是防雷击的有效措施之一。

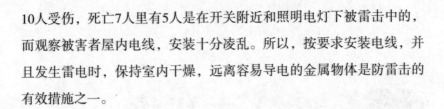

① 膨胀

膨胀是当物体受热时，其中的粒子的运动速度就会加快，因此占据了额外的空间的现象。无论固体、气体、液体都能出现膨胀现象。膨胀有好有坏，例如，温度计的使用就是利用液体膨胀的原理，而铁轨之间的缝隙则是为了使铁轨不被膨胀所破坏。

② 电磁辐射

电磁辐射又称电子烟雾，是指电磁场能量以波的形式向外发射的过程，亦指所发射的电磁波。它是由空间共同移送的电能量和磁能量所组成，而该能量是由电荷移动所产生。电磁辐射所衍生的能量，取决于频率的高低：频率越高，能量越大。

③ 导体和绝缘体

固体的导电是指固体中的电子或离子在电场作用下的远程迁移。通常把导电性和导热性差的材料称为绝缘体，如金刚石、人工晶体、琥珀、陶瓷、橡胶等。把导电性和导热性都比较好的金属称为导体，如金、银、铜、铁、锡、铝等。我们通常把介于导体和绝缘体之间的材料称为半导体。

28 防雷击措施

▲ 避雷针

打雷下雨时，若在户外，那么不要使用金属柄的雨伞，摘下手表、金属架眼镜等金属饰品，并且不要去河、湖、江边进行游泳、钓鱼、划船等活动，切记不可在高丘或者山顶等地带停留，不能在电线杆或大树下避雨，尽可能找低洼地带或干燥的房屋、洞穴躲避。若在室内，应立即关掉音响、收录机、电视机、空调等电器，最好处于房间的中央，不可倚靠墙壁、柱子、门窗等，以免被雷击。

在雷雨天气时，即使在安装了避雷针的建筑物里，也应迅速关掉电器并拔掉插头，以避免空间电磁波干扰而造成不必要的损失。

雷击一旦发生，应立即将被击者送往医院。如果心跳、呼吸已经停止，要立即做心肺复苏和人工呼吸，以维持病人的生命体征。此外，要注意病人的体温，并保持被电灼伤部位的干燥，当病人有痉挛抽搐、狂躁不安等症状时，还要为其做头部冷敷。如此积极地进行现场的抢救是必要的，不可因急于将病人送去医院而不做抢救，这样有可能会贻误病机而致病人死亡。

① 生命体征

生命体征就是用来判断病人病情的轻重和危急程度的指征，主要有血压、呼吸、脉搏、心率、瞳孔和角膜反射的改变等。正常人在安静状态下，脉搏为60~100次/分，在一般情况下心率与脉搏是一致的，但在心房颤动、频发性期前收缩等心律失常时，脉搏会少于心率，称为短绌脉。

② 痉挛

痉挛俗称抽筋，是指肌肉突然做不随意挛缩，会令患者突感剧痛，肌肉动作不协调。导致痉挛的原因主要有寒冷刺激、肌肉连续收缩过快、出汗过多、疲劳过度、缺钙以及上运动神经元损伤。预防痉挛就要注意补充钙和维生素D，加强体育锻炼并注意保暖。

③ 心肺复苏

心肺复苏是针对呼吸心跳停止的急症危重病人所采取的抢救关键措施，即胸外按压形成暂时的人工循环并恢复自主搏动，采用人工呼吸代替自主呼吸，快速电除颤转复心室颤动，以及尽早使用血管活性药物来重新恢复自主循环的急救技术。

29 霜冻

霜冻是一种常见的农业气象灾害，在春、秋、冬三个季节都会出现。霜冻与霜不同，霜是地面温度低于0℃，并且近地面空气中水汽达到饱和，在物体表面直接凝成的白色冰晶；而霜冻是指空气温度骤然下降，地表温度也突然降到0℃以下，突然的低温使农作物受到损伤甚至死亡的气象灾害。在每年秋季最先出现的霜冻叫作初霜冻，第二年春季最后一次出现的霜冻叫作终霜冻，这两次霜冻给农作物带来的影响都很大。

根据形成原因来看，霜冻可分为三种类型，即风霜、晴霜、平流辐射霜冻。常见于西南和华南的冬季，以及长江以北的早春和晚秋时期的，由于北方的强冷空气入侵而造成的霜冻称之为风霜，气象学上称为平流霜冻。地面由于强烈辐射散热，而在晴朗无风的夜晚出现的低温称之为晴霜或静霜，气象学上称为辐射霜冻。在北方强冷空气入侵下，气温骤降，风停后晴朗的夜间，发生强烈的辐射散热，气温又继续下降而造成的霜冻称之为平流辐射霜冻或混合霜冻，它是最为常见的一种霜冻。这种霜冻一旦发生，降温往往很剧烈，空气干冷，农作物和园林植物很容易枯萎死亡，从而造成严重的经济损失。

① 气象灾害

气象灾害是指大气对人类的生命财产和国民经济建设及国防建设

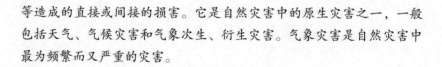

等造成的直接或间接的损害。它是自然灾害中的原生灾害之一，一般包括天气、气候灾害和气象次生、衍生灾害。气象灾害是自然灾害中最为频繁而又严重的灾害。

② 农作物

农作物指农业上栽培的各种植物，包括粮食作物（水稻、玉米等）、油料作物（大豆、芝麻等）、蔬菜作物（萝卜、白菜、韭菜等）、嗜好作物（烟草、咖啡等）、纤维作物（棉花、麻等）、药用作物（人参、当归、金银花等）等。

③ 辐射散热

由温度较高的物体表面发射红外线，而由温度较低的物体接收的散热方式即辐射散热。经该途径散发的热量占总散热量的70%~85%。不管环境温差怎么样，辐射和吸收都是在不断进行着的，只不过高温物体的辐射率要比吸收率大，而低温物体的辐射率要小于吸收率，所以低温物体温度仍然升高。

▲ 霜冻对农作物影响很大

30 霜冻的预防方法

▲ 霜冻植物

　　霜冻无论对于园林植物，还是农作物都具有很大的危害，如果不对这种农业气象灾害引起注意，就有可能造成严重的经济损失，所以对霜冻的预防是很重要的。下面介绍几种预防霜冻的方法。

　　灌水法。水的比热容较大，降温相对较慢，灌水可使田间的温度不至于下降得太快，保护了地面热量，增加了近地面空气的湿度。对于面积较小的园林植物也可以采取喷水法，利用喷灌设备在霜冻来临前一小时对植物不断喷水。

　　遮盖法。利用杂草、草木灰、麦秆、稻草、尼龙等覆盖植物，既可以减少地面热量的散失，又能防止外部冷空气的袭击。对于矮秆苗

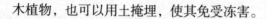

木植物，也可以用土掩埋，使其免受冻害。

熏烟法。在霜冻来临前半小时或一小时，点燃可以产生大量烟雾的废机油、锯木、牛粪、柴草、赤磷或其他尘烟物质。浓密的烟雾本身会产生一定热量，可使近地表层空气温度提升1~2℃，同时还能阻挡地面的热量散失。

施肥法。在寒潮来临以前施用有机肥，可增强土壤保暖吸热的性能，并改善其结构。入冬后，利用暖性的肥料壅培林木植物，可以有效地防冻。

① 比热容

比热容是单位质量物质的热容量，即单位质量物体改变单位温度时吸收或释放的内能。最初在18世纪，英国的物理学家兼化学家布莱克发现质量相同的不同物质上升到相同温度所需的热量不同，进而提出了比热容的概念。

② 喷灌

喷灌是用专门的管道系统和设备将有压水送至灌溉地段并喷射到空中形成细小水滴洒向田间的一种灌溉方法。喷灌具有省水、省工、提高土地利用率、增产、适应性强等特点。一个完整的喷灌系统一般由喷头、管网、首部装置和水源工程组成。

③ 化肥

化肥是化学肥料的简称，是以矿石、酸、合成氨等为原料经化学及机械加工制成的肥料，可为作物提供其生长所需的营养元素，包括常量营养元素碳、氢、氧、氮、磷、钾、钙、镁、硫；微量营养元素硼、铜、铁、锰、钼、锌、氯等。但过多地使用化肥会对环境造成负担，甚至破坏环境。

31 海市蜃楼

在沙漠中行走的人有时会突然望见，在遥远的沙漠里有一片绿洲，风景宜人，令人向往；在风平浪静的海面上航行或是在海边眺望，往往也会发现空中映出远方的岛屿、船舶甚至是城郭楼台的影像。不过，当大风一起，这些景象就突然消失了。原来这些都是幻景，被称作海市蜃楼，或简称蜃景。根据海市蜃楼出现位置相对于原物的方位，可将其分为侧蜃、上蜃和下蜃；依据它与原物的对称关系，可分为反蜃、顺蜃、正蜃和侧蜃；根据颜色又可分为非彩色蜃景和彩色蜃景。

海市蜃楼的出现是由于光的折射。以下蜃的形成为例，当空气的密度下密上稀且差异很大时，来自远方地平线下，我们在一般情况下看不到的物

▲ 海市蜃楼

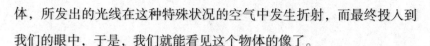

体，所发出的光线在这种特殊状况的空气中发生折射，而最终投入到我们的眼中，于是，我们就能看见这个物体的像了。

海市蜃楼有两个特点：一是会在同一个地点重复出现，如美国阿拉斯加的上空就经常出现海市蜃楼；二是出现的时间大致相同。海市蜃楼大多发生在每年的五、六月份，但出现于俄罗斯齐姆连斯克附近的海市蜃楼则往往是在春天。

① 岛屿

岛屿是指四面环水并在高潮时高于水面的自然形成的陆地区域。在狭小的地域集中两个以上的岛屿，即成岛屿群，大规模的岛屿群称作群岛或是诸岛，列状排列的群岛即为列岛。中国沿海面积大于500平方米的岛屿有6000多个，总面积为8万余平方千米。

② 绿洲

绿洲指沙漠中具有水草的绿地，是一种在大尺度荒漠背景基质上，以小尺度范围，但具有相当规模的生物群落为基础，构成能够相对稳定维持的、具有明显小气候效应的异质生态景观。绿洲的土壤肥沃、灌溉条件便利，往往是干旱地区农牧业发达的地方。

③ 地平线

地平线指地面与天空的分隔线，其更准确的说法是将人们所能看到的方向分为两个线，一个与地面相交，另一个则不会。人们与可见地平线的距离甚为重要，因为其代表在电波传送与电报发明前人类通讯与相见所能及的最远距离。

32 大气污染

　　当排入大气的有害物质超过大气的自净能力时，大气就被污染了，被污染的大气反过来对人类和环境会造成巨大的危害。

　　大气污染就是指大气中污染物或由它转化成的二次污染物的浓度达到了有害程度的现象。它主要表现为大气中尘埃、二氧化碳、一氧化碳、氮氧化物、二氧化硫等可变组分含量的增加，超过了正常空气的允许范围，从而危及生物的正常生存。

　　大气污染的来源有自然和人为两种：火山爆发、地震、森林火灾、海啸等产生的烟尘、有害气体、盐类等叫作自然污染源；人类的

▲ 火灾也会造成大气污染

生产、生活形成的污染源叫作人为污染源。大气污染主要来源于人类的活动，尤其是工业污染。

　　自从人类学会了用火，他们就开始了对大气环境的污染。后来随着手工业的兴旺发达，炼铁、炼铜、锻造、纺织、制革、造纸等手工作坊纷纷出现，它们把大量的废气排放到空中，大气污染有所加剧。尤其是随着煤矿的开采，煤代替木炭成为工业作坊的主要燃料，对大气的污染更为严重。部分地区的污染已超过正常限度，开始影响人们的正常生活与健康。

① 火山爆发

　　火山爆发又称火山喷发，是一种奇特的地质现象，是地壳运动的一种表现形式，也是地球内部热能在地表的一种最强烈的显示。因岩浆性质、火山通道形状、地下岩浆库内压力等因素的影响，火山喷发的形式多种多样，一般可分为裂隙式喷发和中心式喷发。

② 海啸

　　海啸是由风暴或海底地震造成的海面恶浪并伴随巨响的现象，是一种具有强大破坏力的海浪。海啸的波长比海洋的最大深度还要大，在海底附近传播不受阻滞，不管海洋深度如何，波都可以传播过去。海底50千米以下出现垂直断层，里氏震级大于6.5级的条件下，最易引发破坏性海啸。

③ 造纸

　　造纸是中国四大发明之一。机制造纸是在造纸机上连续进行，将适合的纸浆，用水稀释至一定浓度，在造纸机的网部初步脱水，形成湿的纸页，再经压榨脱水，然后烘干成纸。中国在发明造纸以后，最初是把纸本书携往国外，随后造纸术也逐渐外传。

33 大气污染的源头

　　明显的大气污染始于18世纪末，是伴随着近代工业的出现而发生的。自从1769年瓦特发明蒸汽机以后，各种各样的工业机器相继被设计制造出来，大大地提高了社会生产率，创造出巨大的物质财富。同时，以蒸汽机为代表的工业革命所带动的对大气的污染也达到了前所未有的程度。尤其是到了20世纪以后，随着内燃机的发展，石油、天然气在能源中的比重迅速上升，相应向大气中排放的污染物达到空前的程度，大气污染也达到十分严重的程度，区域性、大规模的大气公害事件频频发生。这些污染现象成为困扰人类社会的主要环境问题之一，已引起人类社会

▲ 汽车尾气污染

的广泛关注。

中国作为发展中国家，正大力发展各行各业。随之日益壮大的工业领域，如电力、钢铁、化工等所排放出的废气、尘埃等污染物质便是造成大气污染的主要源头之一，其中电力行业是排放大气污染物的第一大户。加之中国北方部分地区仍以燃煤取暖，燃烧所产生的空气污染物质也是造成大气污染的主要源头。对东部大城市而言，机动车尾气也是重要的污染源之一。

① 蒸汽机

蒸汽机是将蒸汽的能量转换为机械功的往复式动力机械。蒸汽机需要一个使水沸腾产生高压蒸汽的锅炉，这个锅炉可以使用木头、煤、石油或天然气甚至垃圾作为热源。

② 天然气

天然气是一种多组分的混合气态化石燃料，主要成分是烷烃。它主要存在于油田和天然气田，也有少量出于煤层当中。相较于煤炭、石油等能源，天然气燃烧后无废渣、废水产生，有使用安全、热值高、洁净等优势。

③ 石油

石油又称原油，属于化石燃料，是一种黏稠的深褐色液体。石油的性质因产地而异，黏度范围很宽，可溶于多种有机溶剂，不溶于水，但可与水形成乳状液。地壳上层部分地区有石油储存，它是古代海洋或湖泊中的生物经过漫长的演化而形成的。

34 大气污染物（一）

据不完全统计，大气圈中有数百种大气污染物，主要可分为粉尘微粒、硫化物、氧化物及有机化合物等。粉尘微粒主要有碳粒、飞灰、硫酸钙、氧化锌、二氧化铅、砷、汞等金属微粒和非金属微粒。其中影响范围广，对人类环境威胁较大的有粉尘、二氧化硫、二氧化氮、一氧化碳、硫化氢等。

目前，全世界每年排入大气中的污染物总量超过10亿吨，其中粉尘和二氧化硫占40%，一氧化碳占30%。这些污染物性质各异，来源也极其复杂，按它们产生的原因，可分为自然污染源和人为污染源。

自然污染源是由自然过程所产生的污染物的来源，如火山爆发喷出大量的火山灰和二氧化硫气体；大风刮起地面的沙土灰尘；森林火灾产生大量的二氧化碳、二氧化硫、二氧化氮及灰尘；植物产生的酯类、烃类化合物；有机质腐烂产生的臭气及自然放射源；陨星坠落在大气层中燃烧产生的尘埃和多种气体等。

自然污染源造成的大气污染目前还不能控制，但多为暂时的、局部的。

① 一氧化碳

一氧化碳是一种无色、无臭、无刺激性的气体，在水中的溶解度很低，但易溶于氨水。一氧化碳具有毒性，进入人体之后会和血液中的血红蛋白结合，进而使血红蛋白不能与氧气结合，从而引起机体组织出现缺氧，导致人体窒息死亡。

▲ 大风扬沙

② 火山灰

火山灰是指由火山喷发出的直径小于2毫米的碎石和矿物质粒子，由岩石、矿物、火山玻璃碎片组成，还有人将其中极细微的火山灰称为火山尘。火山灰呈深灰、黄、白等颜色，坚硬，不溶于水，堆积压紧后成为凝灰岩。

③ 粉尘

粉尘是指悬浮在空气中的固体微粒。大气中过多的粉尘将对环境产生灾难性的影响，不过，大气中粉尘的存在是保持地球温度的主要原因之一。如果空中没有粉尘，水分再大也无法凝结成水滴，不能形成降水。根据大气中粉尘微粒的大小，可将其分为飘尘、降尘和总悬浮颗粒。

35 大气污染物（二）

人为污染源主要分为工业污染源、生活污染源、交通污染源三类。

工业污染源指人类工业生产活动过程中所造成大气污染的污染源。几乎所有的工矿企业在生产过程中都要排放污染大气的有害物质，其中包括燃料燃烧排放的有害气体和生产过程中排放的各类颗粒粉尘。其排放特点是排放量大而集中，所以在工业集中区往往易发生大气污染。排放的污染物中绝大部分都含有煤和石油燃烧过程中排放的烟尘、二氧化硫、一氧化碳和二氧化氮。尤其是火力发电厂、冶炼厂、炼焦厂、石油化工厂、钢铁厂、氮肥厂排放的有害物质最为严重。

▲ 生活污染源

生活污染源是人们由于烧饭、取暖、洗浴等生活上的需要，燃烧煤和木柴等燃料向大气排放烟尘所形成的污染源。由生活原因向大气中排放的污染物不仅数量大、分布广，而且排放高度低，排放的污染物常常弥漫于居住区的周围，成为低空大气污染不可忽视的污染源。

交通污染源是指汽车、火车、飞机、船舶等交通工具排放尾气所形成的一种污染源。近年来，随着道路建设的加快，全球交通工具制造业的发展，各种交通工具的数量急剧上升，尾气污染也日益严重。特别是在一些工业发达国家，如美国、日本等，尾气已构成大气污染的主要污染源之一。

① 燃料

燃料广泛应用于工农业生产和人民生活，指能通过化学或物理反应释放出能量的物质。燃料有许多种，最常见的如煤炭、焦炭、天然气等。随着科技的发展，人类更加合理地开发和利用燃料，并尽量追求环保理念。

② 火力发电

火力发电是指利用石油、煤炭、天然气等液体、固体、气体燃料燃烧时产生的热能来加热水，使水变成高压水蒸气，然后再由水蒸气推动发电机继而发电的一种发电方式。随着地球资源的日益短缺及环境污染的日益严重，火力发电已逐步被水力发电、风力发电等所代替。

③ 尾气

尾气多指汽车从排气管排出的废气，即汽车尾气。汽车尾气中含有一氧化碳、氧化氮以及对人体产生不良影响的其他一些固体颗粒，尤其含铅汽油，是空气污染的另一重大因素，对人体的危害非常大。正常尾气应是无色、无怪味的，而不同颜色不同味道的汽车尾气很可能表明车辆本身正面临一些故障。

36 空气污染危害 健康（一）

清洁的空气是保证人体生理功能和健康的必要条件，而被污染的空气则会给人体健康带来巨大危害。

空气中对人体健康影响较大的污染物主要有粉尘、一氧化碳、二氧化硫、硫化氢、氮氧化物、多环芳烃、氯乙烯等，这些污染物可以通过呼吸系统进入人体内，也可以通过接触皮肤、眼睛等部位危害人体。

人体呼吸的空气量很大，成人在平静状态下，每天至少要吸入10立方米的空气，就重量来说，它比人一天食用的食物和水的总量还多。人通过呼吸器官（鼻子、咽喉、气管等）吸入空气，在细胞内经物理性扩散，进行气体交换。空气中的氧进入血液，血液中的二氧化碳通过肺泡交换，随呼吸排出体外。当人呼吸时，空气中的各种污染物质也被吸进呼吸道，并经呼吸道进入肺部，滞留在肺壁上，甚至可以穿透肺泡壁或借助于气体的弥散作用，进一步侵入体内，引起各种疾病。

由于空气中污染物的物理化学性质不同，它们在人体内的落脚点也大不相同。粒径大于5微米的飘尘颗粒绝大部分被阻留和黏附在鼻前庭的鼻毛、鼻腔和咽喉部的黏膜上的黏液中，粒径小于1微米的细小飘尘则大量侵入肺部，粒径小于2微米的飘尘粒子有一大部分能直接侵入肺泡，但也有一小部分未来得及沉积就又被呼出的气体带出。

① 呼吸系统

呼吸系统是机体和外界进行气体交换的器官的总称，由气体通行的呼吸道（鼻腔、咽、喉、气管、支气管）和进行气体交换的肺所组成。其主要功能是与外界进行气体交换，呼出二氧化碳，吸进新鲜氧气，完成气体的吐故纳新。

② 血液

血液属于结缔组织，即生命系统中的结构层次，是流动在心脏和血管内的不透明红色液体，主要成分为血细胞、血浆。血细胞内有白细胞、红细胞和血小板，血浆内含血浆蛋白、脂蛋白等各种营养成分以及氧、无机盐、酶、激素、抗体和细胞代谢产物等。

③ 二氧化硫

二氧化硫是无色、有刺激性气味的有毒气体，易液化，易溶于水，是最常见的硫氧化物，也是大气主要污染物之一。当二氧化硫溶于水中，会形成亚硫酸，故二氧化硫是形成酸雨的主要原因。火山爆发和许多工业过程都会产生二氧化硫。

▲ 空气污染

37 空气污染危害健康（二）

▲ 大气污染危害农作物生长

　　有害气体二氧化硫等有易溶于水的特性，它们进入气管时很容易被气管内壁上的黏液黏附，很难到达细支气管和肺泡。与其相反，氮氧化物、臭氧等难溶于水，可冲过气管，直入肺泡。而一氧化碳在肺泡中，则会趁气体交换之机，扩散进入血液，与红细胞中的血红蛋白结合，并被输送到体内的每一个器官。由于各种污染物侵犯部位不同，它作用的器官和危害性也明显不同。

　　大气污染物还可经口侵入人体内，当大气污染物降落到水体内，污染水中的动植物，人吃水生生物或饮水，污染物就会间接侵入人体；当大气污染物降落到土壤中被农作物吸收，人通过食用粮、菜，也会使污染物间接侵入体内。

空气中的污染物进入人体内，会给人体造成多种有害影响，导致急性中毒、慢性疾病及重要功能障碍等。严重的空气污染和企业泄漏有毒废气而引起的急性中毒事件时有发生，在过去的100年间，全世界发生过多起重大空气污染事件，直接死亡人数2万余人，还有更多的人因此而患病，如比利时的马斯河谷事件、英国伦敦烟雾事件、美国的多诺拉事件等都是大气污染造成的。

① 红细胞

红细胞是血液中数量最多的一种血细胞，同时也是脊椎动物体内通过血液运送氧气的最主要的媒介，同时还具有免疫功能。红细胞中含有血红蛋白，因而血液呈红色。红细胞和血红蛋白的数量减少到一定程度时称为贫血。

② 血红蛋白

血红蛋白是使血液呈现红色的蛋白，是高等生物体内负责运载氧的一种蛋白质。血红蛋白是脊椎动物红细胞的一种含铁的复合变构蛋白，由血红素和珠蛋白结合而成，也存在于某些低等动物和豆科植物根瘤中。其呈鲜红色，与氧解离后带有淡蓝色，其功能是运输氧和二氧化碳，维持血液酸碱平衡。

③ 烟雾

烟雾是空气中的烟煤与自然雾相结合的混合体，现泛指以工业排放的固体粉尘为凝结核所生成的雾状物，或由碳氢化合物和氮氧化物经光化学反应生成的二次污染物，是由多种污染物混合而形成的。

38 空气中的致癌物

在某些职业环境中，由于工作人员大量接触致癌物质，往往引起癌症高发，如焦化厂、煤气厂等。据分析，从焦化炉冒出的黄烟中，苯并芘浓度很高，每1000立方米达870毫克，炼焦炉周围环境苯并芘污染十分严重。此外，调查还发现，煤焦油、沥青和某些有机溶剂中苯并芘的含量较高，一些从事炼焦、炼油、沥青筑路、烟囱清洁的职工，在苯并芘污染的环境生活和工作时间较长，肺癌的发病率明显高于其他工种的工人。

此外，各国城市监测资料说明，在大气污染物中还含有粉尘、二氧化硫、三氧化二铁、酚、石棉、氯甲醚、砷化合物等多种致癌物，它们直接或间接地影响着致癌过程，并与苯并芘等致癌物联合作用，致使肺癌的死亡率有逐渐升高的趋势。空气是无孔不入的，因而它所携带的污染物也无所不至。人通过呼吸环境中的空气，不断地将各种污染物吸入肺部，不自觉地受其作用。可以说，当代肺癌的高发，是大气环境对人类的一种惩罚。

① 癌症

癌症是各种恶性肿瘤的统称，为由控制细胞生长增殖机制失常而引起的疾病。癌细胞的特点是无限制地增生，使患者体内的营养物质被大量消耗；癌细胞释放出多种毒素，使人体产生一系列症状；癌细胞还可转移到全身各处生长繁殖，导致人体消瘦、贫血、发热以及脏器功能严重受损等。

② 沥青

沥青是由不同分子量的碳氢化合物及其非金属衍生物组成的黑褐色复杂混合物，呈液态、半固态或固态，是一种防水、防潮和防腐的有机胶凝材料。本品可燃，具刺激性，遇明火、高热可燃，燃烧时放出有毒的刺激性烟雾，对环境有危害。如果衣服不小心染上沥青，可使用氢氧化钠清洗。

③ 污染物类型

污染物是指进入环境后能够直接或者间接危害人类的物质。污染物类型很多，如按污染物的来源可分为自然来源的污染物和人为来源的污染物；按受污染物影响的环境要素可分为大气污染物、水体污染物、土壤污染物等；按污染物的形态可分为气体污染物、液体污染物和固体污染物等。

▲ 焦化厂

39 粉尘污染

粉尘是大气中为害最早、危害极大的一种污染物质，也是大气中分布广泛，分布量较多的一种大气污染物。它主要由燃烧煤和石油引起，其他如水泥、石棉、冶炼等工厂也都有大量的粉尘排出。煤燃烧后有原重量10%以上的烟尘排入大气，油燃烧后约有原重量1%的烟尘排放到大气中。

粉尘的粒径大小不一，直径大于10微米的粉尘颗粒会很快地降落，这类粉尘称为降尘；直径小于10微米的粉尘颗粒以气溶胶的形式长期在空中飘浮，几小时甚至几年都不落下，随风四处飘荡，这类粉

▲ 粉尘污染

尘称为飘尘。

大气中粒径大的降尘，因其在空气中停留的时间很短，故危害不大。而粒径小的飘尘，长时间飘浮在空气中，尤其是粒径小于0.1微米的飘尘在空气中不沉降，并且飘尘能通过呼吸道侵入人体，危害人体健康。因此，粉尘中危害较大的是飘尘。

① 水泥

水泥是粉状水硬性无机胶凝材料，加水搅拌成浆体后能在空气或水中硬化，用以将砂、石等散粒材料胶结成砂浆或混凝土。水泥按用途及性质分为：通用水泥，一般土木建筑工程通常采用的水泥，如硅酸盐水泥、矿渣硅酸盐水泥等；专用水泥，专门用途的水泥，如快硬硅酸盐水泥、低热矿渣硅酸盐水泥等。

② 气溶胶

气溶胶是液态或固态微粒在空气中的悬浮体系，是由固体或液体小质点分散并悬浮在气体介质中形成的胶体分散体系。这些物质能作为太阳辐射的吸收体和散射体、水滴和冰晶的凝结核，是大气重要的组成部分。烟、雾、微尘等都是天然或人为的原因造成的大气气溶胶。

③ 降尘

降尘又称落尘，指空气动力学当量直径大于10微米的固体颗粒物。降尘在空气中沉降较快，故不易吸入呼吸道，但易导致土地沙化，其自然沉降能力主要取决于自重和粒径大小，是反映大气尘粒污染的主要指标之一。

40 粉尘的*危害*

粒径小于0.5微米的飘尘由于气体扩散的作用，被黏附在上呼吸道表面，随痰排出体外；只有粒径在0.5~5微米之间的飘尘，能长驱直入，沿呼吸道直达肺细胞而沉积，这部分沉积的飘尘在肺中被溶解后，可能进入血液被送往全身。如果它们在空气中悬浮时吸附上带毒的有害物质，就会造成身体血液系统中毒。未被溶解的飘尘有一部分被巨噬细胞吸收，如果巨噬细胞吸收的是带毒尘，就会被毒尘杀死；未被巨噬细胞吸收的飘尘，则侵入肺组织或淋巴结，引发尘肺或其他感染。飘尘一旦被吸入人体，就会在人体中滞留数年之久。人体长期吸入粉尘，会引起各种呼吸道疾病和肺癌。

粉尘污染对植物的影响也很大，一是粉尘在空中遮挡阳光，使植物光合作用减弱，植物营养物质的生产量就会减少；二是粒径较大的粉尘降落地面时，有些直接覆盖在植物的叶片上，堵塞了植物的呼吸孔，使植物的呼吸作用与蒸腾作用受阻，造成植物生长困难甚至死亡；另外粉尘还会吸收各类有毒物质，对植物生理作用产生危害，使植物枯败或死亡。

粉尘对气象也会产生影响，它能散射和吸收阳光，使光照度和能见度降低，减少日光射达地面的辐射量，对气温产生制冷作用。粉尘达到一定浓度时，就会形成雨滴的核心，增加云量和降雨量。

▲ 粉尘污染使光照度和能见度降低

① 巨噬细胞

巨噬细胞属免疫细胞，是细胞免疫学和分子免疫学重要的研究对象。主要功能是以固定细胞或游离细胞的形式对细胞残片及病原体进行噬菌作用，并激活淋巴球或其他免疫细胞，令其对病原体作出反应。

② 水平能见度

水平能见度是指视力正常者能对他所在的水平面上的黑色目标物加以识别的最大距离，如果在夜间则是指能看到和确定的一定强度灯光的最大水平距离。气象上所定义的能见度只受大气透明度的影响，在交通运输和环境保护方面具有特殊重要的意义。

③ 降雨量

降雨量是从天空降落到地面上的雨水，未经蒸发、渗透、流失而在水面上积聚的水层深度。降雨量一般用雨量筒测定。把一个地方多年的年降雨量平均起来，就称为这个地方的"平均年雨量"。

41 二氧化硫

▲ 烧煤会产生大气污染物二氧化硫

在种类繁多的大气污染物中，二氧化硫是其中分布最广、危害最大的一种污染物质。几乎在有空气污染的地方，都有二氧化硫污染的存在，尤其在一些举世震惊的大气污染事件中，二氧化硫都起着十分重要的作用，如在比利时马斯河谷事件、美国多诺拉事件、伦敦烟雾事件、日本四日事件等大气污染事件中，二氧化硫都是罪魁祸首。因此，二氧化硫有"大气污染元凶"之称，人们常以它作为大气污染的主要指标。

大气中的二氧化硫主要是由燃烧煤和石油等产生的，此外金属冶

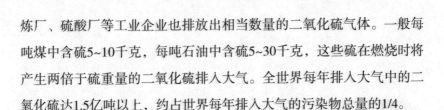

炼厂、硫酸厂等工业企业也排放出相当数量的二氧化硫气体。一般每吨煤中含硫5~10千克，每吨石油中含硫5~30千克，这些硫在燃烧时将产生两倍于硫重量的二氧化硫排入大气。全世界每年排入大气中的二氧化硫达1.5亿吨以上，约占世界每年排入大气的污染物总量的1/4。

二氧化硫是一种刺激性很强的无色、有恶臭气味的气体。大气中的二氧化硫浓度在每立方米0.86毫克时，人的嗅觉就可以感觉到；当每立方米浓度在17~26毫克时，就能刺激人的眼睛，伤害呼吸器官，如果浓度再高些，刺激加剧，可引起支气管炎，甚至可发生肺水肿和呼吸道麻痹；当每立方米浓度达到1143~1429毫克时，可危及生命。

① 河谷

河谷是河流流经的介于山丘间的长条状倾斜凹地，是在流水侵蚀作用下形成与发展的。大气降水、冰雪融水在沟谷汇聚，形成沟谷流水。沟谷流水水量大，流速快，能量集中。

② 硫酸

硫酸是基本化学工业中的重要产品之一，为无色、无味、油状液体，是一种高沸点、难挥发的强酸。硫酸易溶于水，能以任意比与水混溶，浓硫酸溶解时放出大量的热，若将水倒入浓硫酸中，温度将达到173℃，导致酸液飞溅，造成安全隐患。

③ 支气管炎

支气管炎是指气管、支气管黏膜及其周围组织的慢性非特异性炎症，分为急性支气管炎、慢性支气管炎和毛细支气管炎。发病原因主要为病毒和细菌重复感染形成的支气管的慢性非特异性炎症。临床上以长期咳嗽、咳痰或伴有喘息及反复发作为特征。

42 二氧化硫的危害

二氧化硫能与体内的维生素B$_1$结合，减少体内维生素C的合成量，影响新陈代谢。另外，二氧化硫还能抑制某些酶的活性，使糖的蛋白质代谢紊乱，影响人和其他动物的生长发育。

经常接触低浓度二氧化硫的人，有乏力疲倦、咳嗽、鼻塞、喉部不适、嗅味觉障碍、硫酸盐增加等症状。吸入高浓度的二氧化硫，可引起喉水肿和声带痉挛甚至窒息，还可并发支气管炎、肺炎和肺水肿、肺癌等疾患。

二氧化硫可以被空气氧化为三氧化硫，在有水蒸气存在时，三氧化硫很容易形成硫酸雾和硫酸盐雾，对人体危害更大，其毒性比二氧化硫气体大10倍以上。实验表明，当二氧化硫浓度为每升8毫克时，人体仍能承受，而硫酸雾浓度为每升0.8毫克时，人体就不能忍受了。

空气中二氧化硫与飘尘两种污染物结合在一起，有协同作用，会大大加剧危害，伦敦烟雾事件、美国多诺拉事件等著名公害事件都是二氧化硫与飘尘的协同作用造成的。

受二氧化硫污染严重的地区，常出现酸性雨雾，其腐蚀性很强，直接危害人体健康和植物生长，并严重腐蚀金属器材和建筑物。

▲ 工厂是二氧化硫的来源地

① 蛋白质

　　蛋白质是由氨基酸组成的多肽链经过盘曲折叠形成的具有一定空间结构的物质，是生命的物质基础，没有蛋白质就没有生命。人体内蛋白质的种类很多，性质、功能各异。蛋白质在胃液消化酶的作用下，初步水解，在小肠中完成整个消化吸收过程。

② 维生素

　　维生素即维持人体生命活动必需的一类有机物质，在人体生长、代谢、发育过程中发挥着重要的作用，是保持人体健康的重要活性物质。维生素在人体内的含量很少，但不可或缺。

③ 雾

　　雾是在水汽充足、微风及大气层稳定的情况下，接近地面的空气冷却至某程度时，空气中的水汽便会凝结成细微的水滴悬浮于空中，使地面水平的能见度下降的一种天气现象。雾的种类有辐射雾、平流雾、混合雾、蒸发雾以及烟雾。雾的出现以春季2月至4月间较多。

⬤43 硫化氢

▲ 造纸厂

　　大气中硫化氢污染的主要来源是人造纤维、煤气制造、炼油、毛纺、硫化染料、污水处理、造纸等生产工艺及有机物腐败过程。例如炼一吨焦炭，放出硫化氢达544克，毛纺工业燃烧废羊毛时，排出的硫化氢占其燃烧物重量的0.1%。废水和废渣也会放出硫化氢。在许多工业部门的生产中，硫化氢是作为废气排出的。不过，硫化氢被排入大气后，易氧化为二氧化硫，所以它在空气中的含量一般不高，如在人造丝厂喷丝时会放出硫化氢，但工厂附近空气中硫化氢的含量也极少超过0.1毫克/升，一般城市空气中硫化氢含量在0.01毫克/升左右。然而，硫化氢可在特殊环境下积聚，造成局部空气的严重污染，引起急性中毒。

硫化氢对人体十分有害，主要从呼吸道侵入人体。大气中硫化氢浓度达0.02毫克/升时，会刺激眼黏膜，发生硫化氢眼炎，表现为结膜充血、流泪、异物感和疼痛等。当硫化氢浓度为0.2~0.3毫克/升时，则会出现咳嗽、恶心、眩晕等刺激性症状。当浓度增至0.3~0.7毫克/升时，会出现昏迷、抽搐、痉挛、对光反应迟钝等症状，有时发生肺炎、肺水肿。吸入高浓度（1毫克/升）硫化氢时，中毒者会失去意识，窒息而死。急性中毒后遗症是头痛、智力降低等。

① 硫化氢储存

硫化氢应密封储存于阴凉、通风的库房，库温不宜超过30℃，库中采用防爆型照明、通风设施，且应备有泄漏应急处理设备。应与氧化剂、碱类分开存放，切忌混储，并且储区禁止使用易产生火花的机械设备和工具。

② 人造纤维

人造纤维是用某些线型天然高分子化合物或其衍生物溶解于溶剂生成纺织溶液，之后再经纺丝加工制得的多种化学纤维的统称。其原料主要有木材、竹子、甘蔗渣、棉籽绒等。

③ 煤气

煤气是以煤为原料加工制得的含有可燃组分的气体。煤气的种类繁多，成分也很复杂，一般可分为：天然煤气，是通过钻井从地层中开采出来的；人工煤气，利用固体或液体含碳燃料热分解或汽化后获得的；混合煤气，目前被广泛用作各种工业炉的加热燃料。

44 硫化氢中毒的急救

防护硫化氢中毒的宗旨就是尽量防止与硫化氢的直接接触。发生污染时，应穿好防静电工作服，戴防化学品手套和化学安全防护眼镜。当空气中硫化氢浓度超标时，应佩戴过渡式防毒面具，在紧急事态抢救或撤离时，建议佩戴氧气呼吸器或空气呼吸器。

一旦防护不利而产生中毒现象，要做好急救处理。现场抢救非常重要，如果有条件，应立即给予吸氧，不然也应立即使患者脱离现场移至空气新鲜处。应当注意的是，现场救援的人员，应具备互救、自救的知识，以防止救援人员进入现场后中毒。

对于事故现场的呼吸骤停者，如果可以及时施行人工呼吸，则可避免发生心脏骤停。而心脏骤停者若可以立即对其施行心肺复苏术，则可以维持中毒者的生命体征，以便于之后的治疗。

凡是昏迷者，无论轻重，都要尽快进行高压氧治疗，同时配合其他综合治疗，对较重的患者进行心电监护和心肌酶谱测定，以便可以及时发现病情的变化，做好应对处理。

① 硫化氢运输

运输硫化氢时，运输车辆应配备相应品种和数量的消防器材；车辆排气管必须配备阻火装置，禁止使用易产生火花的机械设备和工具装卸；严禁与氧化剂、碱类、食用化学品等混装混运。铁路运输时应严格按照铁道部《危险货物运输规则》中的危险货物配装表进行配装。

② 人工呼吸

人工呼吸是用于自主呼吸停止时的一种急救方法。首先通过徒手或机械装置使空气有节律地进入肺部，然后利用胸廓和肺组织的弹性回缩力使进入肺部的气体呼出，如此周而复始以代替自主呼吸。

③ 高压氧治疗

高压氧治疗是将患者置于高压氧舱内进行加压、吸氧，以达到治疗疾病目的的方法。凡是缺氧、缺血性疾病，由缺氧、缺血引起的一系列疾病，某些感染性疾病和自身免疫性疾病，进行高压氧治疗均可取得良好的疗效。高压氧治疗应在专科医生指导下进行。

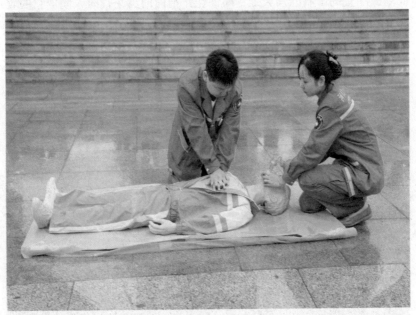

▲ 模拟心肺复苏急救

 浓雾弥漫下的灾祸

水蒸气是大气中的可变成分，一般它在大气中的含量为4%以下，但变化极大，在温暖潮湿的多雨区，其含量可达空气总量的4%，在干燥的沙漠区，其含量一般仅占空气总量的0.02%。它的含量虽然不大，但由于它在大气中十分活跃，极尽变化，其作用却不可小视。它时而变成多姿多彩的云飘浮天上，时而化作茫茫的迷雾弥漫空中，时而变成晶莹的雨滴洒向大地，时而化作洁白的雪花飘向人间。它的表演使气候变化万千，它的存在给地球环境带来巨大的影响。

位于地面的云就是雾。雾和云都是水汽凝结而成的，只是云的底

▲ 雾都

部不接触地面，而雾则是接触地面的。

雾基本上是一种有害的天气现象，尤其浓雾会给环境及人类生产、生活带来不利的影响。浓雾经常出现在无风的天气，盆地和谷地特别容易发生大雾天气。云雾弥漫时，空气中可见度极低，街道上行人不敢快走，汽车则要慢行。世界上许多重大交通事故都是在浓雾天气发生的。浓雾天气时，飞机不能起飞，轮船无法航行，甚至发生触礁、搁浅、碰撞等事故。更重要的是浓雾犹如一层厚厚的覆盖物，把地表面牢牢地隐蔽起来，使城市或工厂排放的大气污染物难以向上扩散，导致空气污染的程度不断加重。

①沙漠

沙漠是指地面完全被沙覆盖、植物非常稀少、雨水稀少、空气干燥的荒芜地区。地球陆地的1/3是沙漠，沙漠地域大多是沙滩或沙丘，沙下岩石也经常出现。泥土很稀薄，植物也很少。有些沙漠是盐滩，完全没有草木。沙漠一般是风成地貌。

②雾灾防护措施

出现浓雾天气时，尽量不要外出，必须外出时，要戴上口罩，防止吸入有毒气体；尽量少在浓雾中活动，不要在浓雾中锻炼身体；驾驶车辆要减速慢行，听从交警指挥，渡轮停航时，不要拥挤在渡口处；行人穿越马路要看清来往车辆。

③雪

雪是水在固态的一种形式，是水或冰在空中凝结再落下的自然现象。天空中气象条件和生长环境的差异，造成了形形色色的大气固态降水。冬季，中国许多地区的降水是以雪的形式出现的。大气固态降水是多种多样的，除了雪以外，还包括能造成很大危害的冰雹等。

46 燃煤污染

煤是一种十分重要的能源矿产，被人们誉为"黑色金子"。尤其是蒸汽机问世后，把煤转化为牵引力，发生了动力革命，给人们增添了无穷的力量。同时也使世界能源结构发生了巨大变化，从木柴木炭时代进入煤炭时代。煤的产量也随之迅速增加，据统计，世界上每年要消耗煤炭30多亿吨。工业用煤和居民用煤量越来越多，从而给人类带来了新的威胁——环境污染。

煤燃烧之后的排放物，几乎全部是污染物质。据有关部门统计，全世界每年由于燃煤要向大气排放6.4亿吨污染物质，其中烟尘约1亿吨，二氧化硫1.5亿吨，一氧化碳2.5亿吨，二氧化氮0.53亿吨，此外还有二氧化碳、苯并芘等污染物质。这些污染物在地球上积蓄、蔓延，使大气受到严重污染，尤其是在某些人口和工业集中的城市，污染更为严重，烟雾几乎常年笼罩，致使大气污染公害事件频频发生，伦敦烟雾事件就是燃煤污染的典型一例。

英国首都伦敦是西方大工业兴起的先驱城市之一，由于工业生产大量燃烧煤炭，城市上空经常浓烟弥漫。伦敦因处于泰晤士河畔，水汽大，烟尘多，大量的水汽凝结在烟尘上，形成浓雾，终日不散，成为举世闻名的"雾都"。

▲ 煤炭

① 木炭

木炭是保持木材原来构造和孔内残留焦油的不纯的无定形碳，是木材或木质原料经过不完全燃烧，或者在隔绝空气的条件下热解，所残留的深褐色或黑色多孔固体燃料。木炭具有还原能力和很好的吸附能力，与氧气完全燃烧产生二氧化碳，不完全燃烧产生有毒气体一氧化碳。

② 燃烧

燃烧是必须在有可燃物、助燃物及温度达到燃点的情况下进行的物体快速氧化，产生光和热的过程。燃烧的种类有闪燃、着火、自燃以及爆炸。自然界里的一切物质，在一定温度和压力下，都以一定状态（固态、液态、气态）存在，且燃烧过程是不同的。

③ 泰晤士河

泰晤士河是英国第二大河流，也是英国著名的母亲河，全长402千米，流域面积1.3万平方千米。河水从西部流入伦敦市区，伦敦下游河面开始变宽，形成一个宽度为29千米的河口，最后经诺尔岛注入北海。泰晤士河是伦敦用水的主要来源。

47 致命烟雾

▲ **烟雾污染**

烟雾原意是指自然雾与空气中的煤烟相结合的混合体。在环境问题层出不穷的今日,烟雾用来泛指以工业排放的固体粉尘为凝结核所生成的雾状物,或是由氮氧化物和碳氢化合物,经光化学反应生成的二次污染物。轻薄的烟雾看似无害,但浓重的烟雾不仅对空气会造成严重的污染,对于生物体,特别是人类,也会构成严重的威胁。

当大量的烟尘积聚在低层大气中时,处于这种状况下的人们会感到有一股股强烈刺鼻的气味扑面而来,同时出现胸闷、气短、呼吸困难,并伴有咳嗽、喉痛、呕吐等症状。老人、病人或儿童等体弱人群甚至会有生命危险。

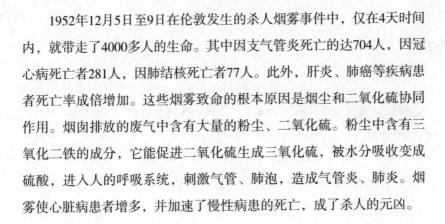

1952年12月5日至9日在伦敦发生的杀人烟雾事件中，仅在4天时间内，就带走了4000多人的生命。其中因支气管炎死亡的达704人，因冠心病死亡者281人，因肺结核死亡者77人。此外，肝炎、肺癌等疾病患者死亡率成倍增加。这些烟雾致命的根本原因是烟尘和二氧化硫协同作用。烟囱排放的废气中含有大量的粉尘、二氧化硫。粉尘中含有三氧化二铁的成分，它能促进二氧化硫生成三氧化硫，被水分吸收变成硫酸，进入人的呼吸系统，刺激气管、肺泡，造成气管炎、肺炎。烟雾使心脏病患者增多，并加速了慢性病患的死亡，成了杀人的元凶。

① 碳氢化合物

碳氢化合物又称为烃，是仅由碳和氢两种元素组成的有机化合物。碳氢化合物的种类非常多，已知的在2000种以上，属易燃易爆品。烃分为饱和烃和不饱和烃。石油中的烃类多是饱和烃，而不饱和烃如乙烯、乙炔等，一般只在石油加工过程中才能得到。

② 三氧化二铁

三氧化二铁又名氧化铁，是铁锈的主要成分，为红棕色粉末，溶于盐酸。其红棕色粉末为一种低级颜料，工业上称氧化铁红，用于油漆、油墨、橡胶等工业中，可做催化剂及玻璃、宝石、金属的抛光剂，可用作炼铁原料。

③ 三氧化硫

三氧化硫是硫的一种氧化物，常温下为无色透明油状液体或固体，具有强刺激性臭味。它的气体形式是一种严重的污染物，是形成酸雨的主要来源之一。三氧化硫的毒性与硫酸相同，对皮肤、黏膜等组织有强烈的刺激和腐蚀作用。

48 光化学烟雾

光化学烟雾是一种淡蓝色的窒息性气体，它于20世纪40年代初在洛杉矶被发现，所以又被称为"洛杉矶烟雾"。后来，在东京、悉尼等世界名城也都出现过它的踪影。

光化学烟雾出现时，会对人的眼、喉、鼻等器官产生强烈刺激，使人流泪、喉痛、胸痛，并造成呼吸衰竭等现象，严重时可使人丧命。

光化学烟雾是由大气中的氮氧化合物、碳氢化合物等污染物质在太阳紫外光照射下发生光化学反应后生成的"次污染物"，其主要成分是臭氧、过氧乙酰和硫酸雾等，对人有强烈的刺激和毒害作用。而制造这种害人烟雾的罪魁祸首主要是工业文明的骄子——汽车。

光化学烟雾不仅危害人体健康，而且对植物危害也很严重。洛杉矶烟雾期间，郊区蔬菜全部由绿色变为褐色，无人愿意食用。大批树木落叶、枯萎、致死。烟雾还使家畜生病、橡胶制品老化、建筑物和机器腐蚀损坏。人们称之为淡蓝色的杀手。

① 橡胶

橡胶是高弹性的高分子化合物，是提取橡胶树、橡胶草等植物的胶乳，加工后制成的具有弹性、绝缘性、不透水和空气的材料。按原料分为天然橡胶和合成橡胶；按形态分为块状生胶、乳胶、液体橡胶和粉末橡胶；按使用又分为通用型和特种型两类。

② 洛杉矶

洛杉矶按人口排名，是加州的第一大城，也是仅次于纽约的美国第二大城市，位于美国西岸加州南部。洛杉矶一年四季阳光明媚，气候温和宜人，干燥少雨，平均气温12°左右，北部属于地中海式气候，南部属热带沙漠气候。

③ 洛杉矶光化学烟雾事件

洛杉矶光化学烟雾事件是20世纪40年代初期发生在美国洛杉矶市的一次烟雾事件。在两天时间内，当地65岁以上的老人死亡400多人，数千人感到眼痛、头疼、呼吸困难，这是一次严重的烟雾事件。

▲ 汽车尾气是产生光化学烟雾的罪魁祸首

49 全球气候问题

　　全球气候问题又称全球气候变化问题，是指在全球范围内，自然内部进程，或是外部强迫，又或者是人为的影响，导致的气候平均状态统计学意义上的巨大改变或者持续较长一段时间的气候变动，从而导致地球上某些原生的或次生的环境问题出现。

　　近年来，全球气候变化最显著的特征就是全球气温的升高。全球气候变暖是一种自然现象，导致这一现象发生的原因除了地球本身正处于温暖期，且地球公转轨迹发生变动外，人为因素则占主导地位。人们对森林的肆意砍伐，为获取能量对化石矿物的大量焚烧，致使焚

▲ 暴雨

烧时产生的二氧化碳等多种温室气体不能及时、充分地被净化，累积于大气当中，这些温室气体则是导致全球气候变暖的罪魁祸首。

除此之外，冻土融化对当地居民生计和道路工程设施，越来越具有威胁性；全球（主要是发展中国家）每年因气候变化导致的腹泻、营养不良等病症多发而死亡的人数高达15万；热浪、暴雨、干旱、台风等极端天气发生得越来越频繁，所造成的生命、财产损失也越来越严重。

① 化石

化石是存留在岩石中的古生物遗体或遗迹，最常见的是骸骨和贝壳等。分为实体化石、遗迹化石、模铸化石、化学化石、分子化石等不同的保存类型。研究化石可以了解生物的演化并能帮助确定地层的年代。

② 冻土

冻土是指0℃以下，含有冰的各种岩石和土壤。根据时间，可分为短时冻土、季节冻土和多年冻土，地球上冻土的面积约占陆地面积的50%。在冻土区修建工程构筑物就必须面临两大危害，即冻胀和融沉。

③ 热浪

热浪是指天气持续地保持过度炎热的现象，也有可能伴随有很高的湿度。一些地区比较容易受到热浪的袭击，比如夏季干燥冬季潮湿的地中海地区。不过热浪通常是与地区相联系的，所以一个对于气候较热地区来说是正常的温度，对于一个较冷的地区来说则可能是热浪。

50 全球变暖的危害

▲ 干旱的土地

进入20世纪90年代，全球气温上升更为显著，1993年7月8日至11日，美国纽约市气温持续维持在38℃以上，一些年老体弱的人相继死亡，急救中心的求救电话从原来的每天900个增加到每天上万个。1995年，全球陆地和海洋的平均表面温度比常年高出0.38℃。美国芝加哥，气温创纪录地高达41℃，因酷热至少有54人死亡。英国有750人因酷热而被夺去生命。

在全球气候变暖的同时，与气温升高有密切联系的海啸、台风、暴雨、酷热、干旱、洪水等极端气候变化事件的频度和强度不断增强，对农、林、牧、副、渔业生产带来不可估量的损失，给人类生存环境带来极大危害。

由全球气候逐渐变暖所引起的一系列影响当中，冰川的消融最为引人注意。世界各地冰川的面积和体积都明显地减少，有些甚至消失。1980年以来，世界冰川平均厚度减少了约11.5米，仅2006年一年，世界冰川的平均厚度就减少了1.5米，这样快的消融速度，加上其消融随之带来的海平面上升、全球气候改变以及生态环境的破坏等问题，使这一现象不得不引起人们的重视。

① 冰川

冰川或称冰河，是指大量冰块堆积形成如同河川般的地理景观，在世界两极和两极至赤道带的高山均有分布。地球上陆地面积的1/10被冰川所覆盖，而4/5的淡水资源也储存于冰川之中。按照冰川的规模和形态可分为大陆冰盖和山岳冰川（又称高山冰川）。

② 暴雨

暴雨是24小时降水量为50毫米或50毫米以上的强降雨。由于各地降水和地形特点不同，所以各地暴雨洪涝的标准也有所不同。作为一种灾害性天气，暴雨往往造成水土流失、洪涝灾害以及严重的人员和财产损失。世界上最大的暴雨出现在南印度洋上的留尼汪岛，24小时降水量为1870毫米。

③ 渔业

渔业是人类利用水域中生物的物质转化功能，通过捕捞、养殖和加工以取得水产品的社会产业部门。一般分为海洋渔业、淡水渔业。中国有1.8万多千米的海岸线，20万平方千米的淡水水域，1000多种经济价值较高的水产动植物，发展渔业有良好的自然条件和广阔的前景。

51 温室效应

▲ 温室

全球气候变暖问题日益受到世界各国的关注。中外科学家们经过长期的观测、分析和研究，认识到导致地球变暖的主要原因之一就是"温室效应"。

通常人们把养花种菜的玻璃房或塑料棚叫温室。来自太阳的短波辐射（波长在0.5微米左右）很容易透过玻璃照射到室内，将室内晒热，而受热后的室内辐射出的红外线（4~100微米）会受到有吸收红外辐射作用的玻璃的阻挡不易向外散发出去，从而使室内温度增高，

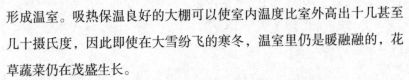

形成温室。吸热保温良好的大棚可以使室内温度比室外高出十几甚至几十摄氏度，因此即使在大雪纷飞的寒冬，温室里仍是暖融融的，花草蔬菜仍在茂盛生长。

与玻璃房温室相似，大气层中的二氧化碳、甲烷、氧化亚氮等都能吸收红外线。如果大气中这类气体异常增多，就像在地球大气中遮挡一层玻璃一样，日光可穿透并射向地球，而地表放射出的长波辐射难以向空中散发，导致近地表温度增高，这种现象叫作"温室效应"。

① 红外线

近年来，红外线在军事、人造卫星、工业、卫生、科研等方面的应用日益广泛，因此红外线污染问题也随之产生。红外线是一种热辐射，对人体可造成高温伤害。较强的红外线可造成皮肤伤害，其情况与烫伤相似，轻则有灼痛感，重则会造成烧伤。

② 辐射

辐射是指能量以电磁波或粒子的形式向外扩散的一种状态。一般可依其能量的高低及电离物质的能力分类为电离辐射和非电离辐射。辐射的能量从辐射源向外所有方向都是直线放射。

③ 温室气体

温室气体是破坏大气层与地面间红外线辐射正常关系，吸收地球释放出来的红外线辐射，阻止地球热量散失，使地球发生可感觉到的气温升高的气体，如水蒸气、二氧化碳、大部分制冷剂等。

52 温室效应的元凶

二氧化碳是温室气体中最主要的成员，地球上温室效应的加剧主要源于二氧化碳浓度的提高。对人类来说，二氧化碳同氧气一样重要，因为绿色植物在光合作用时，要从大气中吸收二氧化碳，如果大气中缺少二氧化碳，地球上的大多数动物，包括人类就要无以为食了。

现在大气中多余的二氧化碳主要来源于煤炭、石油、天然气等燃料的燃烧。自从产业革命以来，大气中的二氧化碳浓度一直在增加，而且近年来，随着工业的发展，大气中二氧化碳的浓度更是迅速上升。其次，作为大自然中二氧化碳主要吸收者的绿色植物如森林、草地等的大面积减少，也是造成大气中二氧化碳浓度上升的原因。有人预测，未来50年内，如果不加以有效控制，大气中二氧化碳含量会再增加1倍，从而使全球气温升高1.5~4.5℃。

另外，造成温室效应的气体不仅仅是二氧化碳，其他微量气体如甲烷、氧化亚氮、臭氧等也有一定的温室作用。虽然它们目前对大气温度升高所起的作用不大，但是它们与二氧化碳合起来产生的温室效应无疑会更加明显。

① 植被

植被就是覆盖地表的植物群落的总称。根据植被生长环境的不同可将其分为草原植被、高山植被、海岛植被等。受光照、雨量和温度等环境因素的影响，不同的地区会形成不同的植被。植被有净化空气、涵养水源、保持水土等作用。

② 甲烷

甲烷是天然气、沼气、油田气及煤矿坑道气的主要成分，在自然界分布很广。它是无色、无味、可燃和具微毒的气体，比空气约轻一半，极难溶于水。甲烷对人基本无毒，但浓度过高时，空气中氧含量明显降低，使人窒息。皮肤接触液化的甲烷，可致冻伤。

③ 草原退化

草原退化是全球性的环境生态问题之一，是一种受自然条件和人为活动影响，草原生物资源、土地资源、水资源和生态环境恶化，致使生产力下降的现象或过程。草原沙化、草原盐渍化及草原污染等都属于草原退化。

▲ 草地退化导致二氧化碳浓度上升

53 气候变暖的影响（一）

▲ 气候变暖会导致海平面升高

20世纪以来，伴随着现代工业的迅速发展，全球环境的变化趋势是一直变暖，尤其是从20世纪80年代以来更加严重，给地球环境带来了一系列灾难性的影响，危害极大。

地球气候变暖将导致极地冰雪融化，引起海平面上升。据统计资料表明，自1920年以来，温度变化已造成海平面平均升高了30厘米。据预测，如果全球二氧化碳排放量仍以现在的速度增多，到2030年全世界的海平面将平均升高0.15米。如果地球温度升高4℃左右，海平面会升高1米左右，许多岛国将遭到灭顶之灾，像马尔代夫、塞舌尔、基里巴斯、巴哈马等国家将变成海底世界。同时，还会极大地影响人类居住范围，导致沿海大批居住在低地的居民迁走，另寻安生之地，许多沿海城市将在地图上消失，如素有低地之称的荷兰有可能成为"海中之国"。

地球气候变化将引起异常高温、低温次数增多和降水异常。1994

年，绿色和平组织指出，全球变暖正在引起严重的气候变化和造成世界的环境灾难。他们是根据500多起全球气候极端变化的实例得出这样的结论的。印度尼西亚、美国加利福尼亚的火灾，加勒比海和太平洋地区强大的飓风，欧洲和美国的洪水，非洲、南美和澳大利亚的旱灾等灾害都与地球变暖有关。

① 海平面

海平面是海的平均高度，指在某一时刻假设没有波浪、潮汐、海涌或其他扰动因素引起的海面波动，海洋所能保持的水平面。冰川的消融、海底地势构造的改变、大地水准面的变动都影响并控制着海平面的情况。

② 马尔代夫

马尔代夫共和国原名马尔代夫群岛，是亚洲第二个小国，也是世界最大的珊瑚岛国，位于南亚，由1200余个小珊瑚岛屿组成，其中202个岛屿有人居住，被誉为"上帝抛洒人间的项链"。马尔代夫具有明显的热带雨林气候特征，无四季之分，年降水量1900毫米，年平均气温28℃。

③ 加勒比海

加勒比海是世界上最大的内海，位于大西洋西部边缘，面积约27.54万平方千米，有人曾把它和墨西哥湾并称为"美洲地中海"。海区地壳很不稳定，四周多深海沟和火山地震带，海区属热带气候，全年盛行东北风，高温、潮湿，大气处于不稳定状态，给航运造成不利影响。

54 气候变暖的影响（二）

地球气候变暖会使全球降水量重新分配、冰川和冻土消融、海平面上升等，既危害自然生态系统的平衡，更威胁人类的食物供应和居住环境。

地球气候变暖对生态系统会产生影响，生态系统可能发生改变。例如北半球高纬度地区的北方森林界将向极地推进，在北极圈内可能会生长谷物，因为地球变暖可使高纬度地区变得湿润，温度升高。有人指出温室效应将穷国和富国在农业上的差距加大，增多世界饥民。

▲ 气候变暖导致冰川消融

由于发达国家多地处温带地区，温度较低，全球变暖会提高该地温度，有利于农作物生长，而发展中国家大多聚集在赤道两侧的热带地区，温度本来很高，已接近农作物耐温极限，温度再升高则不利农作物生长，产量因之下降。

地球气候变暖将导致多种疾病，危害人类健康。地球变暖产生的高温天气会使人酷热难耐，增加紧张情绪，甚至丧命。世界卫生组织在一份报告中指出，气候变暖可能导致全球疾病大流行。据有关专家预测，未来气温升高引起的传染病大流行，将威胁世界上一半以上的人口。此外还将引起霍乱、痢疾等疾病流行。

① 生态系统

生态系统指无机环境与生物群落构成的统一整体，其范围可大可小。无机环境是一个生态系统的基础，它直接影响着生态系统的形态；生物群落则反作用于无机环境，它既适应环境又改变着周围的环境。

② 纬度

表征纬线在地球上方位的量便是纬度（指某点与地球球心的连线和地球赤道面所成的线面角），其数值在0°～90°之间。赤道以北的点的纬度称北纬，以南的点的纬度称南纬。

③ 热带

热带地处赤道两侧，位于南北回归线之间。该带太阳高度终年很大，且一年有两次太阳直射的机会。热带全年高温，且变幅很小，只有雨季和干季或相对热季和凉季之分。

55 臭氧层

臭氧和氧气是同胞兄弟，都是氧元素的同素异形体。臭氧是一种浅蓝色、微具腥臭味的气体，温度在-119℃时，臭氧液化成深蓝色的液体，温度为-192.7℃时，臭氧固化为深紫色晶体。臭氧具有不稳定性和强烈的氧化性，随着温度的升高，臭氧分子的不稳定性增加，分解加速。

臭氧是大气中的微量成分，在大气分子中所占的比例不足百万分之一。如果把大气中所有的臭氧集中在地球表面，也只能形成3毫米厚的一层气体，总重量约为30亿吨。

在地表空气中，臭氧的含量是微乎其微的，但在离地面20~25千米的平流层大气中，集中着大气中臭氧的90%，形成了臭氧浓度相对最大、环绕地球的臭氧层。不过即使在臭氧层中，臭氧也只占那里空气总量的十万分之一。

我们知道，太阳发出的光不仅有可见光和红外光，而且还有波长很短的紫外线，强烈的紫外线对生物具有极强的杀伤力。如果让这些紫外线毫无遮拦地全部到达地球表面的话，地球表面将被阳光晒焦，地球上所有的生命将无一幸存。

那么，是谁在亿万年的地球生命发展过程中保护着地球上的生灵万物呢？是臭氧层。臭氧层就像一个巨大的过滤网，把紫外线过滤出来，为地球生命提供了天然的屏障。

▲ 太阳光

① 晶体

晶体是内部质点在三维空间呈周期性重复排列的固体。它的分布非常广，在自然界的固体物质中，绝大多数是晶体。它拥有整齐规则的几何外形，固定的熔点，在熔化过程中，温度始终保持不变，且具有各向异性的特点。

② 可见光

人的眼睛一般可以感知的电磁波的波长在400~700纳米之间，可见光则是电磁波谱中人眼可以感知的部分，可见光谱没有精确的范围。人眼可以看见的光的范围受大气层影响。大气层对大部分的电磁波辐射来讲都是不透明的，只有可见光波段和其他少数如无线电通信波段等例外。

③ 同素异形体

同素异形体是由相同元素组成的不同形态的单质，如碳元素就有金刚石、石墨、无定形碳等同素异形体。同素异形体由于结构不同，彼此间物理性质有差异，但由于是同种元素形成的单质，所以化学性质相似。

56 臭氧层空洞的危害

▲ 臭氧层空洞影响植物生长

自古以来，由于有臭氧层的保护，人们无忧无虑地享受着阳光的温暖，沐浴在灿烂的阳光下，不必顾忌紫外线的侵扰。然而，时光跨入近代，科学家们发现臭氧层中的臭氧在耗损，臭氧层在变薄，1985年，英国科学家首先发现南极臭氧层已出现了一个大空洞。这一重大发现不仅震惊了科学界，也轰动了全世界，人们开始忧虑紫外线的伤害了。

研究表明，紫外线增加会对人体健康造成多方面的损害，可引起皮肤癌、眼底黄斑病变、白内障及呼吸道疾病等，还会影响体内细胞的新陈代谢，杀死细胞或导致其病变。科学家证实，臭氧每减少1%，到达地面的紫外线强度将增加2%，白内障的发病率则增加0.6%~0.8%，皮肤癌的发病率则增加2%~4%。位于南半球的澳大利亚，因受臭氧空洞影响多年，成为世界上皮肤癌发病率最高的国家之一，近几年皮肤癌患者仍在增加。

受紫外线侵害还会使人体免疫系统功能下降，诱发麻疹、水痘、结核病、淋巴癌等疾病。植物也逃不过这一劫难，过量的紫外线照射会破坏植物绿叶中的叶绿素，影响植物的光合作用，阻碍农作物和树木的正常生长，使之质量降低、产量大幅度下降。以大豆为例，当臭氧厚度减少25%时，产量下降20%~25%。

① 叶绿素

叶绿素是一类与光合作用有关的最重要的色素。绿叶从光中吸收能量，然后能量被用来将二氧化碳转变为碳水化合物。它实际上存在于所有能营造光合作用的生物体，包括绿色植物、原核的蓝绿藻和真核的藻类。

② 国际保护臭氧层日

国际保护臭氧层日为每年的9月16日。联合国大会确立"国际保护臭氧层日"的目的是纪念1987年9月16日签署的《关于消耗臭氧层物质的蒙特利尔议定书》，要求所有缔约的国家根据"议定书"及其修正案的目标，采取具体行动纪念这一特殊日子。

③ 臭氧发生器

臭氧发生器是用于制取臭氧气体的装置。臭氧易于分解无法储存，需现场制取现场使用。它在饮用水、污水、工业氧化、食品加工和保鲜、医药合成、空间灭菌等领域被广泛应用。

57 破坏臭氧层的"杀手"

自从大气臭氧层被发现以来，就得到人们不同寻常的关注。在南极臭氧层空洞被发现之前，人们就早已发现臭氧层耗损。科学家们经过长期的观测、研究，已经基本查清臭氧层耗损乃至出现臭氧空洞的原因，并找出了那些破坏臭氧层的"杀手"。

什么原因使得臭氧层遭受严重破坏以致形成巨大的空洞，这是科学家们研究的主要课题。许多科学家提出了自己的看法，他们曾经争论了很久，最后趋于一致的看法是人类滥用氟利昂所致，氟利昂是破坏臭氧层的头号"杀手"。

氟利昂又称为氟氯烃化合物，是美国通用汽车公司1928年首先开发使用的一种化合物，广泛应用于制冷系统。它具有优良的化学性能，如对化学试剂具有稳定性、无腐蚀性，不燃、不爆炸、低导热性，良好的吸热、放热性和低毒性等，因而还广泛用于制洗净剂、杀虫剂、除臭剂、发泡剂等。因其用途广，用量很大，在1985年时世界氟利昂年产量已达千吨以上。氟利昂使用后并不分解，随着废气排出，进入大气层。

1974年美国学者率先提出，我们人类广泛使用的氟利昂进入大气后，在对流层未分解就进入同温层，分解后会使臭氧层遭到破坏，这一理论被后来的研究和事实所证明。

① 氟利昂

氟利昂由碳、氯、氟组成，其中的氯离子释放出来进入大气后，能反复破坏臭氧分子，自己却保持原状，因此即使其量甚微，也能使臭氧分子减少到形成"空洞"。

② 制冷

制冷又称冷冻，是将物体温度降低到或维持在自然环境温度以下的过程。实现制冷的途径有两种，一是天然冷却，一是人工制冷。天然制冷是一个传热过程，而人工制冷则是使热量从低温物体向高温物体转移的一种属于热力学过程的单元操作。

③ 爆炸

爆炸是在极短时间内，释放出大量能量，产生高温，并放出大量气体，在周围介质中造成高压的化学反应或状态变化。一般的爆炸是由火而引发的。如果将两个或两个以上互相排斥或不兼容的化学物质组合一起，形成第三化学材料时，就会引起小型或大型爆炸。

▲ 空调中也含有氟利昂

58 世界联手保护臭氧层

自1985年英国科学家首次在南极发现臭氧空洞以来，臭氧层问题便成为全球最为关注的环境问题之一。现在，人类在补天的旗帜下已经行动起来。臭氧层破坏的主要原因业已查明，为了防止臭氧层继续遭到严重破坏，唯一的"补天术"就是减少和停止使用氟利昂产品。为此，自20世纪80年代中期以来，国际社会通力合作，作出了很多努力。

1985年8月，美国、日本、加拿大等20多个国家签署了关于臭氧层保护的《维也纳公约》，这是原则上限制使用含氯氟烃化合物的初步协议。1987年9月，24个国家共同签署了《关于消耗臭氧层物质的蒙特

▲ 减少含氟商品的使用

利尔议定书》。1989年3月在英国伦敦召开了挽救臭氧层国际会议，有128个国家的代表出席。1990年，大约60个国家在英国伦敦签署了蒙特利尔议定书补充协议，对议定书做了修改。1992年，在哥本哈根对议定书再次进行修订，缔约国发展到162个，受控制物质种类增加到6类94种。

另一方面，研究和开发新的替代产品以取代氟利昂也是十分重要的。这方面的工作已取得一定的进展，如无氟冰箱的研制；用不影响臭氧层的氢氟烃代替氟利昂；日本公害资源研究所研制出的能分解氟利昂的催化剂等技术成果，将在保护臭氧层的工作中发挥作用。

① 催化剂

催化剂是能提高化学反应速率，而本身结构不发生永久性改变的物质。催化剂在化学反应中引起的作用叫催化作用。催化剂与反应物发生化学作用，改变了反应途径，从而降低了反应的活化能，这是催化剂得以提高反应速率的原因。

② 维也纳

维也纳是奥地利的首都，同时也是奥地利的9个联邦州之一，是奥地利最大的城市和政治中心，位于多瑙河畔，约有170万人口，有"音乐之都"的盛誉。2011年11月30日，维也纳以其华丽的建筑、美丽的公园与广阔的自行车网络登上全球最宜人居城市冠军。

③ 伦敦

伦敦是英国的首都、欧洲第一大城以及第一大港，与美国纽约、法国巴黎和日本东京并列，是欧洲最大的都会区之一兼四大世界级城市之一。伦敦不仅是英国的政治中心，还是许多国际组织总部的所在地，亦是世界闻名的旅游胜地，拥有数量众多的名胜景点与博物馆等。

59 大气污染的治理（一）

　　由于大气污染日益严重，已经给人类和生态环境造成巨大威胁，所以，大气污染的治理已成为当今世界所要迫切解决的重大问题。鉴于大气污染源多且其影响因素的复杂性，只靠单项治理措施无法解决大气污染问题，必须从区域大气污染状况出发、统一规划并综合运用各种防治措施，才能有效地控制大气污染。

　　减少污染物的排放是防治大气污染的首要措施。减少污染物排放的措施很多，而且容易见效。例如改革能源结构，采用无污染或低污染的能源；改进燃烧装置和燃烧技术；节约能源和开展资源综合利用；采用无污染或低污染的工业生产工艺；加强管理，减少事故性排放和逸散；及时清理和妥善处理工业、生活废渣，减少地面扬尘等均可减少污染物的排放。

　　燃烧过程和工业生产过程在采取上述措施后，仍不可避免地有一些污染物排入大气，这就需要控制其排放浓度和排放总量。主要方法有：利用除尘装置去除烟尘及各种工业粉尘；采用气体吸收装置处理有害气体；还可应用各种物理、化学、物理化学方法来回收利用废气中的有用物质，或使有害气体无害化。

① 扬尘

　　扬尘是粉粒体在输送及加工过程中受到诱导空气流、室内通风造成的流动空气及设备运动部件转动生成的气流，都会将粉粒体中的微细粉尘由粉粒体中分离而飞扬，然后由室内空气流动引起粉尘的扩散，从而完成从粉尘产生到扩散的过程。

▲ 无污染能源太阳能

② 太阳能

太阳能是指太阳以电磁辐射形式向宇宙空间发射的能量。人类自古就懂得利用太阳能，如制盐和晒咸鱼等。现代一般利用太阳能发电，这是一种新兴的可再生环保能源。

③ 地热能

地热能是一种可再生环保能源，是由地壳抽取的天然热能，这种能量来自地球内部的熔岩，并以热力形式存在，是引致火山爆发及地震的能量。人类很早以前就开始利用地热能，例如利用温泉沐浴、医疗，利用地下热水取暖、建造农作物温室、水产养殖及烘干谷物等。

60 大气污染的治理(二)

▲ 树木草坪可以防治大气污染

对于大气的综合治理，还可以采用如下方法：

采用合理的工业布局。工业过分集中，污染物的排放量大，大气自然净化就困难，若将工业分散布设，污染物排放量小，易于自然净化。厂址选择要考虑地形，应尽量选择在有利于污染物扩散稀释的位置。工厂区和生活区之间要保持合理距离，以减少废气对居民的危害。还可把有原料供应关系的工厂设在一起，相互利用，减少废气的排放量。

采用区域集中供暖、供热。在城市的郊外设立大热电厂，代替千家万户的炉灶，可以大大提高热利用率，降低燃料的消耗，减轻大气污染。

减少交通废气污染。交通废气包括火车、汽车、飞机等排出的废气，其中以汽车废气对城市大气的污染最为严重。目前，世界各国都致力于研究减少汽车污染的各种措施，如绿色汽车的研制、无铅汽油的使用等。

种植树木草坪。植物具有美化环境、调节气候、滞留粉尘、吸收有害气体等功能，可以净化大气。因此植树绿化，种花种草是防治大气污染行之有效的办法。有计划、有选择地扩大绿地面积是防治大气污染的一个经济有效的措施。

① 工业区

在城市发展战略层面的规划中，要确定各种不同性质的工业用地，如机械、制造工业等，以便将各类工业分别布置在不同的地段，形成各个工业区。按工业区的形成条件和所处的位置，可将其分为三种类型：城市工业区、矿山工业区及以大型联合企业为主体的工业区。

② 电厂

电厂是指将某种形式的原始能转化为电能以供固定设施或运输用电的动力厂。按发电的方式分为：火力发电厂，利用燃烧燃料得到的热能发电；水力发电厂，通过水位落差推动水轮机发电；风力发电厂，利用风力吹动桨叶旋转带动发电机发电；核能发电厂，利用原子反应堆裂变放出的蒸汽驱动发电机发电。

③ 绿化带

绿化带是指在道路用地范围内供绿化的条形地带。它具有美化城市、消除司机视觉疲劳、净化环境、减少交通事故等作用，可分为高速公路绿化带、城市绿化带和人行道绿化带等。绿化带常见的两种形式是以绿篱为主的绿化带和以草坪为主的绿化带。